U0169950

住房城乡建设部土建类学科专业"十三五"规划教材
高等学校建筑电气与智能化学科专业指导委员会规划
推荐教材

建筑组态控制技术

杨亚龙　张鸿恺　主　编

周小平　刘建峰　汪明月　副主编

中国建筑工业出版社

图书在版编目（CIP）数据

建筑组态控制技术/杨亚龙，张鸿恺主编. —北京：
中国建筑工业出版社，2020.8（2024.8重印）
住房城乡建设部土建类学科专业"十三五"规划教材
高等学校建筑电气与智能化学科专业指导委员会规划
推荐教材
ISBN 978-7-112-25218-3

Ⅰ.①建… Ⅱ.①杨… ②张… Ⅲ.①智能化建筑-
过程控制软件-高等学校-教材 Ⅳ.①TU18

中国版本图书馆 CIP 数据核字（2020）第 093316 号

本书共 7 章，分别是：组态软件概述、组态软件系统架构、组态软件的开发、建筑设备管理系统、公共安全系统控制、建筑物信息设施系统、智能化集成系统的组态设计。本书通过工程案例，系统、全面地阐述了组态软件理论及其应用，讲解组态软件技术要点、各功能模块原理、功能和使用方法，并结合土建领域特点，讲解运用组态软件对智能建筑（建筑设备管理系统、公共安全系统、建筑信息设施系统、智能化系统集成等）需要监控的各系统进行设计的理念与方法。

本书既可作为建筑电气与智能化、建筑环境与能源应用工程、给水排水科学与工程等专业的教材，又可供相关工程技术人员参考。

本书配有配套课件，请扫二维码自行下载。

责任编辑：张 健
文字编辑：胡欣蕊
责任校对：姜小莲

住房城乡建设部土建类学科专业"十三五"规划教材
高等学校建筑电气与智能化学科专业指导委员会规划推荐教材

建筑组态控制技术

杨亚龙 张鸿恺 主 编
周小平 刘建峰 汪明月 副主编

*

中国建筑工业出版社出版、发行（北京海淀三里河路 9 号）
各地新华书店、建筑书店经销
北京科地亚盟排版公司制版
建工社（河北）印刷有限公司印刷

*

开本：787×1092 毫米 1/16 印张：11¼ 字数：281 千字
2020 年 10 月第一版 2024 年 8 月第二次印刷
定价：**32.00** 元（赠课件）
ISBN 978-7-112-25218-3
（35974）

教材编审委员会

主　任：方潜生

副主任：寿大云　任庆昌

委　员：（按姓氏笔画排序）

于军琪　王　娜　王晓丽　付保川　杜明芳

李界家　杨亚龙　肖　辉　张九根　张振亚

陈志新　范同顺　周　原　周玉国　郑晓芳

项新建　胡国文　段春丽　段培永　郭福雁

黄民德　韩　宁　魏　东

序

自 20 世纪 80 年代智能建筑出现以来，智能建筑技术迅猛发展，其内涵不断创新丰富，外延不断扩展渗透，已引起世界范围内教育界和工业界的高度关注，并成为研究热点。进入 21 世纪，随着我国国民经济的快速发展，现代化、信息化、城镇化的迅速普及，智能建筑产业不但完成了"量"的积累，更是实现了"质"的飞跃，已成为现代建筑业的"龙头"，为绿色、节能、可持续发展做出了重大的贡献。智能建筑技术已延伸到建筑结构、建筑材料、建筑能源以及建筑全生命周期的运营服务等方面，促进了"绿色建筑"、"智慧城市"日新月异的发展。

坚持"节能降耗、生态环保"的可持续发展之路，是国家推进生态文明建设的重要举措。建筑电气与智能化专业承载着智能建筑人才培养的重任，肩负着现代建筑业的未来，且直接关系到国家"节能环保"目标的实现，其重要性愈加凸显。

全国高等学校建筑电气与智能化学科专业指导委员会十分重视教材在人才培养中的基础性作用，多年来下大力气加强教材建设，已取得了可喜的成绩。为进一步促进建筑电气与智能化专业建设和发展，根据住房和城乡建设部《关于申报高等教育、职业教育土建类学科专业"十三五"规划教材的通知》（建人专函 ［2016］ 3 号）精神，建筑电气与智能化学科专业指导委员会依据专业标准和规范，组织编写建筑电气与智能化专业"十三五"规划教材，以适应和满足建筑电气与智能化专业教学和人才培养需求。

该系列教材的出版目的是为培养专业基础扎实、实践能力强、具有创新精神的高素质人才。真诚希望使用本规划教材的广大读者多提宝贵意见，以便不断完善与优化教材内容。

全国高等学校建筑电气与智能化学科专业指导委员会

主任委员

方潜生

前　言

随着智能建筑、智慧城市的发展，建筑设备、市政设施等的集成与监控要求越来越高，组态软件不仅仅应用于传统的自动控制领域，同时也广泛应用于智能建筑、智慧城市的各个监控领域。为此，要求从事土建领域设计、施工和管理工作的人员必须掌握有关组态软件编程技术的知识和技能。

本书根据高等学校建筑电气与智能化本科指导性专业规范中对组态知识的要求编写，通过工程案例，系统、全面地阐述了组态软件理论及其应用，讲解组态软件技术要点、各功能模块原理、功能和使用方法，并结合土建领域特点，讲解运用组态软件对智能建筑（建筑设备管理系统、公共安全系统、建筑信息设施系统、智能化系统集成等）需要监控的各系统进行设计的理念与方法。本书既可作为建筑电气与智能化、建筑环境与能源应用工程、给水排水科学与工程等专业的教材，又可供相关工程技术人员参考。

本书的编写注重理论与工程应用相结合，结构合理、系统性强、深入浅出、通俗易懂，并配有多媒体电子课件、案例等，使学生在掌握组态软件的基本概念和主要内容的基础上，深入理解组态软件的基本理论和应用技术，学会在土建领域中使用组态软件进行系统设计的方法和技巧，具备从事监控系统设计、编程、调试、运行的能力。

本书编写由杨亚龙教授主持完成，安徽建筑大学、南京工业大学、北京建筑大学、山东建筑大学、皖西学院等高校老师共同参与。具体编写分工：第1章、第2章由杨亚龙编写，第3章由汪明月及张磊共同编写，第4章由蒋婷婷、张鸿恺、朱徐来、李杨、伍超等共同编写，第5章由刘建峰编写，第6章由侯传晶编写，第7章由周小平编写。全书由杨亚龙、张鸿恺统稿。本书编写过程中得到了北京亚控科技发展有限公司李延树总经理及余珮瑶女士的大力支持，在此谨表谢意。郑州轻工业大学的曹祥红和苏州科技大学许洪华为本书提供了许多宝贵意见，使本书增色不少，在此表示衷心的感谢。

限于编者水平，书中难免有错漏之处，敬请广大师生和读者批评指正。

目　　录

第1章　组态软件概述 …………………………………………………………… 1

1.1　组态与组态软件 …………………………………………………………… 1

1.2　组态软件的功能和特点 …………………………………………………… 2

1.2.1　组态软件的功能 ……………………………………………………… 2

1.2.2　组态软件的特点 ……………………………………………………… 2

1.3　组态软件的构成与组态方式 ……………………………………………… 4

1.3.1　组态软件的构成 ……………………………………………………… 4

1.3.2　常见的组态方式 ……………………………………………………… 6

1.4　组态软件的现状与发展趋势 ……………………………………………… 8

1.4.1　国内外组态软件 ……………………………………………………… 8

1.4.2　组态软件在智能建筑中的应用 ……………………………………… 9

1.4.3　组态软件的发展及其趋势 …………………………………………… 10

1.5　组态软件在建筑中的应用 ………………………………………………… 11

1.5.1　组态软件在建筑中的设备方案 ……………………………………… 11

1.5.2　组态软件在建筑中的控制要求 ……………………………………… 12

1.5.3　组态软件在建筑领域的应用 ………………………………………… 13

第2章　组态软件系统架构 ……………………………………………………… 14

2.1　网络体系结构 ……………………………………………………………… 14

2.1.1　C/S体系结构 ………………………………………………………… 14

2.1.2　B/S体系结构 ………………………………………………………… 14

2.1.3　C/S和B/S混合体系结构 …………………………………………… 15

2.2　I/O设备驱动 ……………………………………………………………… 16

2.3　数据采集和控制 …………………………………………………………… 17

2.4　实时数据库系统 …………………………………………………………… 17

2.4.1　基本概念 ……………………………………………………………… 17

2.4.2　创建实时数据库 ……………………………………………………… 19

2.4.3　数据库在建筑管理信息系统中的作用 ……………………………… 19

第3章　组态软件的开发 ………………………………………………………… 20

3.1　组态软件界面的开发 ……………………………………………………… 20

3.1.1　定义I/O设备 ………………………………………………………… 21

3.1.2　定义数据变量 ………………………………………………………… 25

3.2　脚本文件与控制逻辑 ……………………………………………………… 25

3.2.1　命令语言类型 ………………………………………………………… 26

3.2.2　命令语言语法 ………………………………………………………… 26

3.3　组态画面的输出 …………………………………………………………… 27

3.3.1 图形对象的创建和使用 ································ 27
3.3.2 动画连接 ·· 27
3.3.3 趋势曲线 ·· 28
3.3.4 报警 ·· 29
3.3.5 运行系统 ·· 30

第4章 建筑设备管理系统 ·· 31
4.1 概述 ··· 31
4.1.1 建筑设备自动化系统的功能 ························ 31
4.1.2 建筑设备自动化系统的范围及内容 ················ 31
4.1.3 建筑设备自动化系统（BAS）的自动测量、监测与控制 ··· 32
4.1.4 BAS 的系统集成技术/BAS 中组态技术的应用 ········ 33
4.2 空气调节系统 ·· 34
4.2.1 空调机组监控系统 ································· 35
4.2.2 冷热源系统的监控 ································· 38
4.2.3 空气调节系统监控组态示例 ························ 42
4.3 给水排水系统 ·· 44
4.3.1 给水系统监控 ····································· 45
4.3.2 排水系统监控 ····································· 48
4.3.3 建筑给水系统监控组态示例 ························ 50
4.4 供配电系统 ·· 51
4.4.1 供配电监控管理系统的作用 ························ 52
4.4.2 配电监控管理系统的功能 ·························· 52
4.4.3 配电监控管理系统组成 ···························· 54
4.4.4 供配电监控系统组态示例 ·························· 55
4.5 照明系统 ·· 59
4.5.1 智能照明控制系统 ································· 59
4.5.2 智能照明控制系统组态案例 ························ 60
4.6 电梯系统 ·· 63
4.6.1 电梯监控系统 ····································· 63
4.6.2 电梯监控系统组态案例 ···························· 65

第5章 公共安全系统 ·· 71
5.1 公共安全系统概述 ··· 71
5.1.1 公共安全系统基本概念 ···························· 71
5.1.2 公共安全系统控制特点 ···························· 71
5.2 火灾自动报警与消防联动控制系统控制 ··················· 73
5.2.1 火灾自动报警系统的组成 ·························· 73
5.2.2 火灾自动报警系统控制要求 ························ 73
5.2.3 火灾探测系统的监控 ······························ 74
5.2.4 火灾警报和消防应急广播系统的联动控制设计 ········ 74
5.2.5 防火卷帘门联动控制 ······························ 76
5.2.6 防火门联动控制 ·································· 77
5.2.7 消火栓系统控制 ·································· 78

　　　5.2.8　自动喷水系统控制 ··· 81

　　　5.2.9　消防防排烟系统控制 ··· 83

　　　5.2.10　可燃气体系统控制 ·· 86

　　　5.2.11　气体灭火系统、泡沫灭火系统控制 ······························· 86

　　　5.2.12　电气火灾监控系统控制 ·· 90

　　5.3　安防防范系统控制 ·· 91

　　　5.3.1　视频安防监控系统控制 ··· 91

　　　5.3.2　入侵报警系统控制 ·· 93

　　　5.3.3　出入口控制系统、电子巡查系统的控制 ··························· 95

　　5.4　简单公共安全系统组态监控设计 ··· 96

　　　5.4.1　视频安防监控系统设计概述 ··· 96

　　　5.4.2　视频安防监控系统设计 ··· 97

　　　5.4.3　火灾报警系统监控设计 ·· 101

第6章　建筑物信息设施系统 ··· 103

　　6.1　建筑物信息设施系统概述 ·· 103

　　6.2　建筑物信息设施系统 ··· 105

　　　6.2.1　用户电话交换系统 ··· 105

　　　6.2.2　计算机网络系统 ·· 108

　　　6.2.3　综合布线系统 ·· 111

　　　6.2.4　通信接入系统 ·· 113

　　　6.2.5　有线电视及卫星电视接收系统 ····································· 114

　　　6.2.6　公共广播系统与紧急广播系统 ····································· 117

　　　6.2.7　信息引导与发布系统 ··· 120

　　　6.2.8　会议系统 ··· 121

　　6.3　建筑物信息设施系统组态设计 ··· 123

　　　6.3.1　建筑物信息设施系统组态概述 ····································· 123

　　　6.3.2　建筑信息设施系统参数监测组态系统设计 ······················ 124

第7章　智能化集成系统的组态设计 ·· 129

　　7.1　IBMS概述 ··· 129

　　　7.1.1　IBMS概念 ··· 129

　　　7.1.2　IBMS与组态控制 ·· 131

　　7.2　IBMS工程案例 ··· 135

　　　7.2.1　工程背景与需求 ·· 135

　　　7.2.2　工程方案设计 ·· 136

　　　7.2.3　工程详细方案设计 ··· 139

　　　7.2.4　IBMS系统的组态设计 ·· 158

　　7.3　BIM与IBMS组态设计 ··· 163

　　　7.3.1　BIM简介 ·· 163

　　　7.3.2　基于BIM和IBMS组态设计方法 ····································· 164

　　　7.3.3　BIM与IBMS组态设计案例 ··· 165

　　7.4　本章小结 ·· 168

　参考文献 ·· 169

第1章 组态软件概述

1.1 组态与组态软件

组态一词最早源于英文 configuration，含义是使用软件工具对计算机及其软件的各种资源进行配置，使计算机或软件按照预先设置，达到自动执行特定任务、满足使用者要求的目的。

组态软件是完成数据采集与过程控制的专用软件，它以计算机为基本工具，为实施数据采集、过程监控、生产控制提供了基础平台和开发环境。组态软件功能强大、使用方便、易于学习，其预设置的各种软件模块可以非常容易地实现监控层的各项功能，并可向控制层和管理层提供软、硬件的全部接口，使用组态软件可以方便、快速地进行系统集成，构造不同需求的数据采集与监控系统。

经典的计算机控制系统通常可以分为如图 1-1 所示的管理层、监控层、控制层和设备层四个层次结构，构成了一个分布式的工业网络控制系统，其中设备层负责将物理信号转换成数字信号或标准的模拟信号，控制层完成对现场工艺过程的实时监测与控制，监控层通过对多个控制设备的集中管理，以完成监控生产运行过程，而管理层则是对生产数据进行管理、统计和查询等。监控组态软件一般是位于监控层的专用软件，负责对下集中管理控制层，向上连接管理层，是企业生产信息化的重要组成部分。

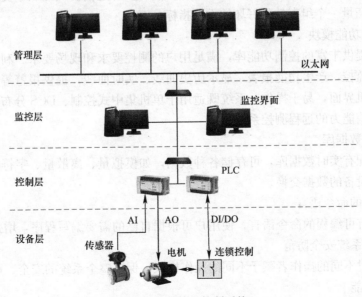

图 1-1　计算机控制系统

在工业控制中，组态一般是指通过对软件采用非编程的操作方式（主要有参数填写、图形连接和文件生成等）使得软件乃至整个系统具有某种指定的功能。由于用户对计算机控制系统的要求千差万别（包括流程画面、系统结构、报表格式、报警要求等），而开发商又不可能专门为每个用户进行开发，所以只能是事先开发好一套具有一定通用性的软件开发平台，生产（或者选择）若干种规格的硬件模块（如 I/O 模块、通信模块、现场控制模块），然后根据用户的要求在软件开发平台上进行二次开发，以及硬件模块的连接。这种软件的二次开发工作就称为组态，相应的软件开发平台就称为控制组态软件，简称组态软件。计算机控制系统在完成组态之前只是一些硬件和软件的集合体，只有通过组态，才能使其成为一个具体的满足生产过程需要的应用系统。

1.2 组态软件的功能和特点

1.2.1 组态软件的功能

组态软件通常具有以下几种功能。

1）强大的界面显示组态功能

目前，工控组态软件大都运行于 Windows 环境下，充分利用 Windows 的图形功能完善、界面美观的特点，以及可视化的 IE 风格界面和丰富的工具栏，操作人员可以直接进入开发状态，节省时间。其中丰富的图形控件和工况图库，既提供所需的组件，又满足界面制作的向导，并且提供丰富的作图工具，用户可随心所欲地绘制出各种工业界面，并且任意编辑，从而将开发人员从繁重的界面设计工作中解放出来，同时提供丰富的动画连接方式，如隐含、闪烁、移动等，使界面生动、直观。

2）良好的开放性

社会化的大生产，使得系统构成的全部软硬件不可能出自一家公司，"异构"是当今控制系统的主要特点之一。开放性是指组态软件能与多种通信协议互联，支持多种硬件设备。开放性是衡量一个组态软件好坏的重要指标。

3）丰富的功能模块

组态软件提供丰富的控制功能库，满足用户的测控要求和现场要求。利用各种功能模块，完成实时监控，产生功能报表，显示历史曲线、实时曲线，提供报警等功能，使系统具有良好的人机界面，易于操作。系统既适用于单机集中式控制、DCS 分布式控制，也适用于带远程通信能力的远程测控系统。

4）强大的数据库

组态软件配有实时数据库，可存储各种数据，如模拟量、离散量、字符型等，并且能够实现与外部设备的数据交换。

5）可编程的命令语言

组态软件有可编程的命令语言，使用户可根据自己的需要编写程序，增强图形界面。

6）周密的系统安全防范

组态软件对不同的操作者赋予不同的操作权限，保证整个系统的安全、可靠运行。

7）仿真功能

组态软件提供强大的仿真功能使系统能够实现并进行设计，从而缩短了开发周期。

1.2.2 组态软件的特点

通用组态软件一般具有以下几种特点。

1）实时性与多任务

工业控制系统中有些事件的发生具有随机性，因此要求工控软件能够及时地处理随机事件。此外，数据采集与处理、显示与输出、存储与检索、人机对话与实时通信等多个任务要在同一台计算机上进行。

2）可靠性与冗余系统

各组态软件都提供了一套比较完善的安全机制，如界面上所有可操作的东西都具有安全级别和操作权限，防止误操作和非法操作，同时具有一定的故障诊断和处理能力，提高了系统的可靠性。一些组态软件还具有热备体系支持冗余网络。

3）封装性

通用组态软件所能完成的功能都是用一种方便用户使用的方法封装起来，对于用户来说，不需要掌握太多的编程语言技术（甚至不需要编程技术）就能很好地完成一个复杂工程所要求的所有功能，易学易用。

4）开放性

组态软件大量采用"标准化技术"，如 OPC、DDE、ActiveX 控件等，在实际应用中，用户可以根据自己的需要进行二次开发，例如，可以很方便地使用 VB 或 C++等编程工具自行编制所需的设备构件装入设备工具箱，不断充实设备工具箱。很多组态软件提供了一个高级开发向导，自动生成设备驱动程序的框架，为用户开发设备驱动程序提供帮助，用户甚至可以采用 I/O 自行编写动态链接库（DLL）的方法在策略编辑器中挂接自己的应用程序模块。

5）通用性

每个用户根据工程实际情况，利用通用组态软件提供的底层设备（PLC、智能仪表、智能模块、板卡、变频器等）的 I/O Driver、开放式的数据库和界面制作工具，就能完成一个具有动画效果、实时数据处理、历史数据和曲线并存、多媒体功能和网络功能的工程，不受行业限制。

6）网络控制与远程控制

目前组态软件已不局限于早期的单机版，具有网络控制功能的组态软件可以连接成对等网，也可以连接成服务器/客户机的结构。计算机网络控制的发展正在向以太网靠拢，通过网卡将各种控制设备挂接在 Internet 网上，实现远程控制，打破了由 Ethernet/Controlnet/Devicenet 三层网络组成的控制结构，出现了"一网拉平"的概念，即每个工控设备都具有独立的 IP 地址，并通过 Internet 网直接进行通信和远程控制。

7）内部与外部数据库

组态软件都具有内嵌的数据库系统和报表格式，即要求使用通用数据库来存放采集的数据，如 Oracle、Sybase、Microsoft Access、Microsoft SQL Server 等。所以组态软件还具有和通用外部数据库的接口。

8）延续性和可扩充性

用通用组态软件开发的应用程序，当现场（包括硬件设备或系统结构）或用户需求发生改变时，不需做很多修改也能方便地完成软件的更新和升级。

9）复杂运算与软逻辑控制

随着计算机控制技术的深入发展，组态软件功能早已突破了单纯的数据采集和人机界面设计，目前已将可编程控制器 PLC 具有的一些复杂运算（如 PID 运算）功能植入到组态软件中，称为软 PLC 或软逻辑控制。

由于组态软件的使用者是自动化工程设计人员，组态软件的主要目的是确保使用者在生成适合自己需要的应用系统时不需要或者尽可能少地编制软件程序的源代码。因此，在设计组态软件时，应充分了解自动化工程设计人员的基本需求，并加以总结提炼，重点解决需求中的共性问题。目前大部分组态软件都是在 Windows 环境下运行的，一般是用面向对象设计语言开发的，开发过程中主要满足了以下几个需求：

(1) 采集、控制设备间的数据交换；

(2) 设备的数据与计算机图形画面上的各元素关联；

(3) 处理数据的报警及系统报警；

(4) 历史数据的存储、查询；

(5) 各类报表的生成和打印输出；

(6) 为使用者提供灵活、多变的组态工具，可以适应不同应用领域的需求；

(7) 最终生成的应用系统运行稳定、可靠；

(8) 具有与第三方程序的接口，方便数据共享。

1.3 组态软件的构成与组态方式

1.3.1 组态软件的构成

目前世界上组态软件的种类繁多，仅国产的组态软件就有不下 30 种，其设计思想、应用对象都相差很大，因此很难用一个统一的模型来进行描述。但是，组态软件在技术特点上有以下几点是相同的：

(1) 提供开发环境和运行环境；

(2) 采用客户/服务器模式；

(3) 软件采用组件方式构成；

(4) 采用 DDE、OLE、COM/DCOM、ActiveX 技术；

(5) 提供诸如 ODBC、OPC、API 接口；

(6) 支持分布式应用；

(7) 支持多种系统结构，如单用户、多用户（网络），甚至多层网络结构；

(8) 支持 Internet 应用。

组态软件的结构划分有多种标准，下面以软件的工作阶段和软件体系的成员构成划分为两种标准讨论其体系结构。

1) 以使用软件的工作阶段划分

从总体结构上看，组态软件一般都是由系统开发环境（或称组态环境）与系统运行环境两大部分组成。系统开发环境和系统运行环境之间的联系纽带是实时数据库，三者之间的关系如图 1-2 所示。

图 1-2 系统组态环境、实时数据库和运行环境三者之间的关系

（1）系统开发环境

系统开发环境是自动化工程设计工程师为实施其控制方案，在组态软件的支持下，应用程序的系统生成工作所必需的工作环境。通过建立一系列用户数据文件，生成最终的图形目标应用系统，供系统运行环境运行时使用。系统开发环境由若干个组态程序组成，如图形界面组态程序、实时数据库组态程序等。

（2）系统运行环境

在系统运行环境下，目标应用程序被装入计算机内存并投入实时运行。系统运行环境由若干个运行程序组成，如图形界面运行程序、实时数据库运行程序等。

组态软件支持在线组态技术，即在不退出系统运行环境的情况下可以直接进入组态环境并修改组态，使修改后的组态直接生效。系统开发环境与系统运行环境间的关系如图 1-3 所示。

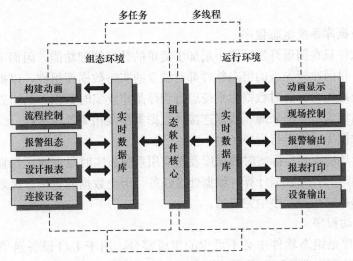

图 1-3　系统开发环境与系统运行环境间关系图

自动化工程设计工程师最先接触的一定是系统开发环境，通过一定工作量的系统组态和调试，最终在系统运行环境中将目标应用程序投入实时运行，完成一个工程项目。

一般工程应用必须有一套开发环境，但可以有多套运行环境。在本书的例子中，为了方便讲解，将开发环境和运行环境放在一起，通过菜单限制编辑修改功能来实现运行环境。

一套好的组态软件应该能够为用户提供快速构建自己计算机控制系统的手段。例如，对输入信号进行处理的各种模块、各种常见的控制算法模块、构造人机界面的各种图形要素、使用户能够方便地进行二次开发的平台或环境等。如果是通用的组态软件，则还应当提供各类工控设备的驱动程序和常见的通信协议。

2）按照成员构成划分

组态软件因为其功能强大，且每个功能相对来说又具有一定的独立性，所以其组成形式是一个集成的软件平台，由若干程序组件构成。

组态软件必备的功能组件包括如下 6 个部分。

（1）应用程序管理器

应用程序管理器是提供应用程序搜索、备份、解压缩、建立应用等功能的专用管理工具。在自动化工程师应用组态软件进行工程设计时经常会遇到下面一些烦恼：

a. 经常要进行组态数据的备份；

b. 经常需要引用以往成功项目中的部分组态成果（如画面）；

c. 经常需要迅速了解计算机中保存了哪些应用项目。

虽然这些工作可以用手动方式实现，但效率低下，极易出错，有了应用程序管理器的支持使得这些工作变得非常简单。

（2）图形界面开发程序

图形界面开发程序是自动化工程设计人员为实施其控制方案，在图形编辑工具的支持下进行图形系统生成工作所依赖的开发环境。它通过建立一系列用户数据文件，生成最终的图形目标应用系统，供图形运行环境运行时使用。

（3）图形界面运行程序

在系统运行环境下，图形目标应用系统被图形界面运行程序装入计算机内并投入实时运行。

（4）实时数据库系统组态程序

有的组态软件只在图形开发环境中增加了简单的数据管理功能，因而不具备完整的实时数据库系统。目前比较先进的组态软件都有独立的实时数据库组件，以提高系统的实时性，增强数据处理能力。实时数据库系统组态程序是建立实时数据库的组态工具，可以定义实时数据库的结构、数据来源、数据连接、数据类型及相关各种参数。

（5）实时数据库系统运行程序

在系统运行环境下，目标实时数据库及其应用系统被实时数据库运行程序装入计算机内存，并执行预定的各种数据计算、数据处理任务。历史数据的查询、检索、报警管理都是在实时数据库系统运行程序中完成的。

（6）I/O 驱动程序

I/O 驱动程序是组态软件中必不可少的组成部分，用于 I/O 设备通信，互相交换数据。DDE 和 OPC 客户端是两个通用的标准 I/O 驱动程序，用来支持 DDE 和 OPC 标准的 I/O 设备通信，多数组态软件的 DDE 驱动程序被整合在实时数据库系统或图形系统中，而 OPC 客户端则多数单独存在。

1.3.2 常见的组态方式

下面介绍几种常见的组态方式。由于目前有关组态方式的术语还未能统一，因此本书中所用的术语可能会与一些组态软件所用的有所不同。

1）系统组态

系统组态又称为系统管理组态（或系统生成），这是整个组态工作中的第一步，也是最重要的一步。系统组态的主要工作是对系统的结构及构成系统的基本要素进行定义。以 DCS 的系统组态为例，硬件配置的定义包括选择什么样的网络层次和类型（如宽带、载波带），选择什么样的工程师站、操作员站和现场控制站（I/O 控制站）（如类型、编号、地址、是否为冗余等）及其具体的配置。有的 DCS 的系统组态可以做得非常详细。例如，机柜、机柜中的电源、电缆与其他部件，各类部件在机柜中的槽位、打印机、以及各站使用的软件等，都可以在系统组态中进行定义。系统组态的过程一般都是用图形加填表的方式。

2）控制组态

控制组态又被称为控制回路组态，这同样是一种非常重要的组态。为了确保生产工艺的实现，一个计算机控制系统要完成各种复杂的控制任务。例如，各种操作的顺序动作控制，各个变量之间的逻辑控制，以及对各个关键参量采用的各种控制（如 PID、前馈、串级、解耦，甚至是更复杂的多变量预控制、自适应控制），因此有必要生成相应的应用程序来实现这些控制。组态软件往往会提供各种不同类型的控制模块，组态的过程就是将控制模块与各个被控变量相联系，并定义控制模块的参数（如比例系数、积分时间）。另外，对于一些被监视的变量，也要在信号采集之后对其进行一定处理，这种处理也是通过软件模块来实现的。因此，也需要将这些被监视的变量与相应的模块相联系，并定义有关参数。这些工作都是在控制组态中来完成的。

由于控制问题往往比较复杂，组态软件提供的各种模块不一定能够满足现场的需要，这就需要用户作进一步开发，即自己建立符合需要的控制模块。因此，组态软件应该能够给用户提供相应的开发手段。通常采取两种方法：一是用户自己用高级语言来实现，然后再嵌入系统中；二是由组态软件提供脚本语言。

3）画面组态

画面组态的任务是为计算机控制系统提供一个方便操作员使用的人机界面。画面组态的工作主要包括两方面：一是画出一幅（或多幅）能够反映被控制过程概貌的图形；二是将图形中的某些要素（如数字、高度、颜色）与现场的变量相联系（又称为数据连接或动画连接），当现场的参数发生变化时，可以在显示器上及时地显示出来，或者在屏幕上通过改变参数来控制现场的执行机构。

现在的组态软件都会为用户提供丰富的图形库，图形库中包含大量的图形元件，只需在图库中将相应的子图调出，再进行少量修改即可。因此，即使是完全不会编程序的人也可以"绘制"出漂亮的图形来。图形又可以分为两种：一种是平面图形，另一种是三维图形。平面图形虽然不是十分美观，但占用内存小，运行速度快。

数据连接分为两种：被动连接和主动连接。对于被动连接，当现场的参数改变时，屏幕上相应数字量的显示值或图形的某个属性（如高度、颜色等）也会相应改变。对于主动连接，当操作人员改变屏幕上显示的某个数字值或某个图形的属性（如高度、位置等）时，现场的某个参量就会发生相应改变。显然，利用被动连接就可以实现现场数据的采集与显示，而利用主动连接则可以实现操作人员对现场设备的控制。

4）数据库组态

数据库组态包括实时数据库组态和历史数据库组态。实时数据库组态的内容包括数据库各点（变量）的名称、类型、工位号、工程量转换系数上下限、线性化处理、报警限和报警特性等。历史数据库组态的内容包括定义各个进入历史库数据点的保存周期，有的组态软件将这部分工作放在历史组态中，还有的组态软件将数据点与 I/O 设备的连接放在数据库组态中。

5）报表组态

一般计算机控制系统都会带有数据库。因此，可以很轻易地将生产过程形成的实时数据形成对管理工作十分重要的日报、周报或月报。报表组态包括定义报表的数据项、统计项，报表的格式及打印报表的时间等。

6）报警组态

报警功能是计算机控制系统很重要的一项功能，它的作用就是当被控或被监视的某个参数达到一定数值的时候，以声音、光线、闪烁或打印机打印等方式发出报警信号，提醒操作人员注意并采取相应措施。报警组态的内容包括报警的级别、报警限、报警方式和报警处理方式的定义。有的组态软件没有专门的报警组态，而是将其放在控制组态或显示组态中顺便完成报警组态任务。

7）历史组态

由于计算机控制系统对实时数据采集的采样周期很短，形成的实时数据很多，这些实时数据不可能也没有必要全部保留，可以通过历史模块将浓缩实时数据形成有用的历史记录。历史组态的作用就是定义历史模块的参数，形成各种浓缩算法。

8）环境组态

由于组态工作十分重要，如果处理不好，就会使计算机控制系统无法正常工作，甚至会造成系统瘫痪。因此，应当严格限制控制组态的人员。一般的做法是：设置不同的环境，如过程工程师环境、软件工程师环境以及操作员环境等。只有在过程工程师环境和软件工程师环境中才可以进行组态，而在操作员环境只能进行简单的操作。为此，还引出环境组态的概念。所谓环境组态，是指通过定义软件参数，建立相应的环境。不同的环境拥有不同的资源，且环境是有密码保护的。还有一个办法是：不在运行平台上组态，组态完成后再将运行的程序代码安装到运行平台中。

1.4 组态软件的现状与发展趋势

世界上第一个把组态软件作为商品进行开发销售的专业软件公司是美国的 Wonderware 公司。它于 20 世纪 80 年代率先推出了第一个商品化监控组态软件 InTouch，此后监控组态软件在全球得到了蓬勃发展。

1.4.1 国内外组态软件

国外组态软件因具有完备的功能性等特点在中国市场中占有一席之地，表 1-1 列出了目前国际上比较著名且使用频率也较高的 8 种监控组态软件。

国际上著名的监控组态软件

表 1-1

公司名称	产品名称	国家
西门子	WinCC	德国
Wonderware	InTouch	美国
TA Engineering	AIMAX	美国
通用电气	Cimplicity	美国
Rock-Well	RSView32	美国
Citech	Citech	澳大利亚
National Instruments	Labview	美国
Intellution	FIX	美国

随着国内计算机水平和工业自动化程度的不断提高、集散控制系统的广泛应用、实时多任务操作系统的不断推出、人们对软件重要性认识的加深等原因促使通用组态软件的市场需求日益增大，从而使组态软件在中国得到了迅猛地发展。

近年来，一些技术力量雄厚的高科技公司相继开发了适合国内使用的通用组态软件。下面列举并介绍一些具有代表性的国内组态软件。

1）组态软件 KingView

KingView 是北京亚控科技公司根据当前的自动化技术的发展趋势，面向高端自动化市场及应用，以实现企业一体化为目标开发的一套软件。亚控科技也是中国第一家制作专业组态软件的公司。该软件以搭建战略性工业应用服务平台为目标，可以提供一个对整个生产流程进行数据汇总、分析及管理的有效平台，能够及时有效地获取信息，及时地做出反应，以获得最优化的结果。

2）MCGS（Monitor and Control Generated System）

MCGS 是由北京昆仑自动化软件公司开发的一套基于 Windows 平台，用于快速构造和生成上位机监控系统的组态软件系统。MCGS 通用版在界面的友好型、内部功能的强大性、系统的可扩充性、用户的使用性以及设计理念上都比较好，是国内组态软件行业划时代的产品。MCGS 能够完成现场数据采集、实时和历史数据处理、报警和安全机制、流程和安全机制、流程控制、动画显示、趋势曲线和报表输出以及企业监控网络等功能。

3）力控监控组态软件 Force Control

力控是北京三维力控科技公司根据当前的自动化技术的发展趋势，总结多年的开发、实践经验和大量的用户需求而设计开发的高端产品，该软件主要定位于国内高端自动化市场及应用，是企业信息化的数据处理平台。力控 6.1 在秉承力控 5.0 成熟技术的基础上，对历史数据库、人机界面、I/O 驱动调度等主要核心部分进行了大幅提升与改进，重新设计了其中的核心构件。

当然，国内的监控组态软件还有北京世纪长秋科技有限公司的世纪星组态软件、紫金桥软件技术有限公司的紫金桥组态软件、北京图灵开物技术有限公司的图灵开物（ControX）组态软件、北京九思易自动化软件有限公司的易控（INSPEC）组态软件等。

近年来，我国自动化组态软件行业发展迅速，已经牢牢占据大部分市场。从国内外企业市场份额分布情况看，我国国内企业的市场份额高达如图 1-4 所示的 70.3%。

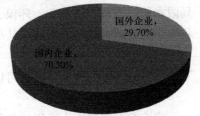

图 1-4　我国自动化组态软件市场国内外企业市场份额

1.4.2　组态软件在智能建筑中的应用

组态软件的应用领域很广，可以应用于电力系统、给水系统、石油、化工、智能建筑等领域的数据采集与监视控制以及过程控制等诸多方面。大多数组态软件都具有一定的通用性，但并非在所有领域都能够充分发挥出该软件的优点。

修订版的国家标准《智能建筑设计标准》GB 50314—2015 以建筑物为平台，基于对各类智能化信息的综合应用，集架构、系统、应用、管理及优化组合为一体，具有感知、传输、记忆、推理和决策的综合智慧能力，形成以人、建筑、环境互为协调的整合体，为人们提供安全、高效、便利及可持续发展功能环境的建筑。

智能建筑可划分为 5 个独立的自动化系统，即楼宇自动化系统（Building Automation System，BAS）、安全防范自动化系统（Security Automation System，SAS）、通信自动化系统（Communication Automation System，CAS）、防火自动化系统（Fire Automation

System，FAS) 和办公自动化系统（Office Automation System，OAS），即 5A 子系统。这些子系统通过综合布线系统（Generic Cabling System，GCS）有机地结合在一起，并利用系统软件构成智能建筑的软件平台，使实时信息、管理信息、决策信息、视频信息、语音信息以及其他各种信息在网络中流动，实现实时信息共享。

建筑中的空调系统所占的能耗为整个建筑能耗的 50% 左右，使用组态软件在智能建筑中对空调系统中的设备进行监督、控制和调节，通过编写控制策略以实现对空调的自动控制来达到节能的效果。给水排水系统是建筑物不可缺少的重要组成部分，一般建筑物的给水排水系统包括生活给水系统、生活排水系统和消防给水系统。智能照明系统旨在为建筑物内的使用人群营造出舒适的生活、工作环境以及现代化的管理方式。建筑物内的照明控制系统需依据建筑物内某一区域的功能、自然光强度以及使用时间等来设计出不同的控制策略。建筑供配电系统通过对配电设备的运行状态进行监测，并对各电力参数进行测量，再根据所得数据进行统计、分析来查找供电异常情况并做出相应控制措施。智能供配电系统可实现对供配电设备运行状态额监测及供配电质量的监测，达到自动化、以人为本及节省能源的目的。此外组态软件不仅可用于建筑内的电梯运行监控，也可以对多电梯进行综合调配和管理，使电梯系统具有更高的运行效率。

1.4.3　组态软件的发展及其趋势

监控组态软件是在信息化社会的大背景下，随着工业 IT 技术的不断发展而成长起来的，它给工业自动化、信息化以及社会信息化带来的影响是深远的，带动着整个社会生产的进步，促进生活方式的变化。

监控组态软件日益成为自动化硬件厂商争夺的重点。在整个自动化系统中，软件所占比重逐渐提高，虽然组态软件只是一部分，但其渗透能力强、扩展性强。因此，监控组态软件具有很高的产业关联度，是自动化系统进入高端应用、扩大市场占有率的重要手段。同时，信息化社会的到来也为组态软件拓展了更广阔的应用领域：组态软件的应用不仅仅局限在传统工业，在农业、环保、航空等行业也拥有组态软件的推广应用。目前在大学和科研机构，越来越多的人开始从事监控组态软件的相关技术研究，并为组态软件技术发展及创新做出了重要贡献。

组态软件的发展及其趋势可以表现在以下三大方面。

1）集成化、定制化

监控组态软件作为通用软件平台，具有很大的灵活性。但实际上很多用户需要"傻瓜"式的应用软件，即只通过很少的定制工作量即可完成工程应用。为了既照顾"通用"，又兼顾"专用"，组态软件拓展了大量的组件，用于完成特定的功能，如万能报表组件、GPRS 透明传输组件等。

组态软件是自动化系统的核心与灵魂，监控组态软件又具有很高的渗透能力和产业关联度。不管从横向还是纵向看，在一个自动化系统中组态软件日益渗透到每个角落，占据越来越多的份额，并更多地体现自动化系统的价值。同时，组态软件已经成为工业自动化系统的必要组成部分，即"基本单元"，因此也吸引了大型自动化公司纷纷投资开发有自主知识产权的监控组态软件。

2）纵向：功能向上、向下延伸

组态软件处于监控系统的中间位置，向上、向下都具有比较完整的接口，因此对上下应用系统的渗透能力很强，向上表现在软件的管理功能逐渐强大，尤以报警管理与检索、历史数据检索、操作日志管理和复杂报表等功能尤为常见；向下表现为日益具备网络管理（节点管理）功能、软 PLC 与嵌入式控制功能，以及同时具备 OPC Server 和 OPC Client 等功能。

微处理器技术的发展会带动控制技术及监控组态软件的发展。目前嵌入式系统的发展极为迅猛，但相应的软件尤其是组态软件的发展滞后较严重，制约着嵌入式系统的发展。可以说，组态软件在嵌入式整体方案中将发挥更大作用。

3）横向：监控、管理范围及应用领域扩大

目前的组态软件都产生于过程工业自动化，很多功能还没有考虑到实时数据处理软件、人机界面、数据分析软件等其他应用领域的需求。只要同时涉及实时数据通信、实时动态图形界面显示、必要的数据处理、历史数据存储与显示，一定会存在对组态软件的潜在需求（除工业自动化领域之外），比如工业仿真系统、电网系统信息化建设、设备管理等领域。

1.5　组态软件在建筑中的应用

本教材以某高层办公楼为例，详细介绍了组态软件在建筑中的应用，完成了组态软件系统架构的设计与组态软件的开发，对建筑设备管理系统、公共安全系统、信息设施系统和智能化集成系统进行功能设计，其中建筑设备管理系统包括空气调节系统、给水排水系统、供配电系统、照明系统、电梯系统，公共安全系统包括火灾报警系统与安全防范系统。

1.5.1　组态软件在建筑中的设备方案

建筑中组态软件各系统主要由现场传感器、执行调节机构、控制器、上位机及其上安装的管理软件、服务器、网络通信设备等组成。建筑设备管理系统主要实现对空调机组、给水排水、供配电、照明、电梯等相关设备的监控与管理。

下面将介绍组态软件在建筑中应用的设备方案。

1）系统设备结构

建筑是扁平结构，设备、机房纵横分散，在大规模的建筑物内，控制器节点多，现场总线距离长，I/O 设备总量繁多，楼宇设备自控系统的网络拓扑结构要适应建筑的结构特点，采用多个系统控制器，才能保证网络结构的合理性和系统实时性。

2）设备参数监控

组态软件在建筑应用中需要做到监控范围内采集到的设备信息能够方便直观地显示在中央控制台上，实现对整个建筑状态的监控并且能够及时处理。当采集到数据（例如：温度、湿度等）实际值超过预先设置的阈值时，系统实施自动化调节或者产生相应警报给管理员；针对开关类型变量，当控制台发出的控制指令和现场反馈回来的实际状态不一致时，系统也要发出警报或触发相应的处理事件。

3）设备控制

楼宇控制系统必须可执行事件控制程序，系统可以在中央控制台查看现场设备反馈回来的信息，根据需要可以对现场设备发出控制指令，实现对大楼内各种机电设备的统一管理、协调控制。现场控制设备在收到主控制台发来的控制信号后应该根据命令做出相应的事件响应机制。现场控制设备响应主控制台发来的控制命令应该高于控制现场的命令。

4）设备管理

收集每台设备的运行情况，包括设备档案、设备运行报表和设备维修管理等，方便设备维护人员根据各台设备的使用情况进行维护操作，方便设备的工作备用状态切换。

5）设备选型

各类现场设备的选择要便于用户维护，要便于与第三方设备或系统集成，所用设备要具备输入/输出功能，可进行本地或远程的扩展。

1.5.2 组态软件在建筑中的控制要求

组态软件在建筑中应用的根本目的是增强建筑功能、提高管理水平、节约运营能耗、保障建筑及其人员安全、提高建筑内舒适度等。

组态软件需要在建筑中拥有较强的监控能力，能够全面实时的反应监测指标，实现对建筑内各种机电设备的统一管理、协调控制。另外还要准确地响应管理层发出的控制命令，在优先级上，要有优先顺序，比如消防的级别应高于办公自动化等物业管理级别。通过监控各种机电设备，获得、显示其运行参数及变化趋势或历史数据，处理各种意外、突发事件。根据外界条件、环境因素、负载变化情况自动调节各种设备，使之始终运行于最佳状态。

以下将介绍在建筑中不同的系统对组态软件的控制要求。

1）空气调节系统

组态软件对空气调节系统中的压缩机、水泵、冷却塔等设备进行监控，除了显示和控制空调风机的转速、空调开关开启档位和电机工作时间等设定外，还能够在转速非正常变化，电机非正常停止等突发情况下自动报警，管理员主控平台上也会弹出相应的报警信息。当报警信息到达时，管理员可以根据这些信息迅速定位判断出问题的机器，然后迅速地做出决策来应对。

2）给水排水系统

给水排水系统主要监测、显示水箱的高低水位、电机运行时间、冷热水水流方向、流速大小等，在水流非正常变化，电机非正常停止等突发情况下自动报警，便于管理员、维修人员对系统进行有效的监控和及时的处理。

3）照明系统

组态软件主要监控楼宇控制系统的灯光照明设备，并且能够远程开启关闭灯光照明系统，在照明系统中管理员可以看到建筑物中所有照明设备的工作情况，并且可以对照明设备进行调控，以达到节约能源和方便管理的效果。

4）供配电系统

供配电系统实现了对建筑控制系统的各个硬件设备的监控，能够实时的反馈电力设备的运行状态，能够清楚地展现各个现场设备的工作状态，并及时发现电力设备的故障隐患等问题。同时电力系统管理员也可以根据当前的系统显示信息，进行分析判断、做出合理的调度、远程的电闸合分操作。

5）电梯系统

电梯系统负责对建筑内的电梯进行集中的远程视频监控，主要完成对电梯运行状态进行的远程监控、数据的快速维护、故障的快速定位以及远程处理，并且对电梯运行状态及故障情况进行数据的统计、分析、记录与及时报警，以方便不同部门根据该系统提供的实时信息进行协调合作，完成有效的电梯监控、管理以及紧急突发事件快速处理。

6) 火灾自动报警系统

火灾自动报警系统由火灾报警控制台、现场采集的烟感传感器、控制台处的火灾报警设备、控制台视频显示组成。现场的传感器对火灾现场的火势进行早期的探测，通过通信链路传送回控制台，控制台根据现场反馈的火灾的信息，进行快速显示和预处理。

1.5.3　组态软件在建筑领域的应用

随着社会的进步，人们的生活水平也日益提高，人们对于建筑的服务要求也日益提高，信息化的进程使得建筑内的电子设备越来越多，利用各式各样的电子设备为人们提供安全舒适的空间环境，如何合理高效地管理建筑内的电子设备成为急需解决的问题，建筑领域已经发展为组态软件应用的一大重要领域。

目前智能建筑的研究是一个热点，伴随着智能建筑市场的日益成熟，也使得许多组态软件公司开始开发针对智能建筑的组态软件，并推出了众多的产品。

美国的 KMC 公司，针对智能楼宇提出了 KMD Digital 系统和基于 BACnet 的管理系统。该系统采用模块化的方式构架，使得系统的灵活度和扩展性都得到了很好的拓展，并且可以容纳高达 22 万的点数，性能十分优越。同时将整个控制系统融入到楼宇自动化系统中，管理人员可以利用 WEB 的方式对楼宇设备进行控制，系统的延展性良好。美国的 Honeywell 公司的 EBI 系统，针对不同的硬件设备使用的不同的通信协议，开发了完善的通信工具。用户可以通过 EBI 系统，实现对于所需要监控对象的监控。系统支持的协议数量很大，OPC、BACnet、LonWorks、DDE、ModBus 等。除了良好的通信功能以外，EBI 系统的一个特点就是服务器采用了冗余方式保证系统的稳定性。通信性能的兼容性很好地适应了当前市场使用多种通信协议的现状，而冗余的设计也使得系统的稳定性增加。美国 Wonderware 公司推出的 InTouch 组态软件，是最早进入国内市场的组态软件公司，它的驱动方面并不受到限制，监控的画面也不受到限制，且其驱动部分主要是在 Windows 环境实现的。目前西门子也针对智能建筑提出了成套的解决方案，WinCC 的应用需要配合西门子公司使用的硬件，但是整体的 WinCC 的性能十分优越。除了硬件部分的支持，还提供 OPC 的服务，使得系统在监控方面可扩展的空间非常大。

国内组态软件公司虽然起步相对较晚，但是其发展非常迅猛，代表的就是组态软件和力控。亚控公司通过多年的行业积累，针对建筑领域推出组态软件楼宇版本，着眼于建筑行业的控制系统、设备管理以及能源管理的应用。组态软件楼宇版本完全基于 WEB 管理，网络可以基于 B/S 和 C/S 混合结构，客户端可以远程通过 IE 方式来访问楼宇集成管理系统，方便了用户管理与能耗统计。支持多种标准现场总线（例如 BACnet，LonWorks 等），兼容并集成各种 PLC、DDC 设备。北京三维力控科技公司也推出了力控楼宇版 FC-IBMS，IBMS 系统，将各个具有完整功能的独立分系统组合成一个有机的整体，提高系统维护和管理的自动化水平、协调运行能力及详细的管理功能，彻底实现功能集成、网络集成和软件界面集成。采用 ADSL、GPRS/CDMA 网络与硬件设备结合可以实现远程建筑能耗监管，支持 PDA 掌上终端通过 Internet 网络实时监控建筑物内设备运行情况，并且高性能、高压缩比的实时历史数据可存海量数据，为信息系统开放接口。在报警方面，该系统支持电话语音报警、email 报警、弹出提醒窗口报警、短信报警，还可以通过简单的编程或与应用系统结合，实现报警联动机制。

第2章 组态软件系统架构

2.1 网络体系结构

随着工业自动化水平的日益提高，以及信息化时代的到来，用户对组态软件的结构和功能的要求越来越高。

2.1.1 C/S体系结构

C/S（Client/Server，客户/服务器）软件体系结构，是客户端与服务器之间的通信方式，客户端提供用户的请求接口，服务器响应请求并对其进行相应的处理，然后把结果返回给客户端，客户端来显示这些内容。

C/S体系结构有三层结构，如图2-1所示，主要将应用功能分成表示层、功能层和数据层三个部分，它是两层结构的进化，可以解决客户端负荷过重以及数据安全性能低等问题，但适用面窄，通常只用于局域网中，且维护成本高。

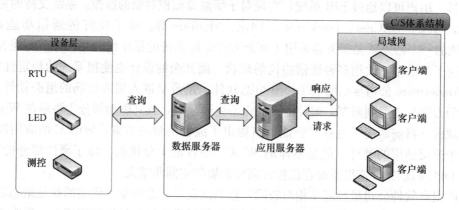

图2-1　C/S体系架构

表示层是应用的用户接口部分，它主要承担用户与应用层的对话功能，用于检查用户从键盘等输入设备的输入数据，显示应用输出的数据。需要变更用户接口时，只需要改写显示控制和数据检查程序，而不影响其他两层。

功能层相当于应用的本体，主要将具体的业务处理逻辑编入程序中，使表示层与功能层之间的数据交往尽可能简洁。一般情况下，功能层包含用户对应用和数据库存取权限的功能以及记录系统处理日志的功能。

数据层即数据库管理系统，主要负责对数据库的数据的读写功能。数据层必须具有能快速执行大量数据更新和检索的能力。

2.1.2 B/S体系结构

B/S（Browser/Server，浏览器/服务器）软件体系结构，是通过WEB浏览器向WEB服务器提出请求，由WEB服务器对数据库进行操作，并将处理结果返回到客户端。

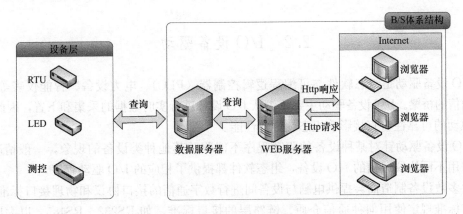

图 2-2　B/S 体系架构

　　这种体系结构中，用户的工作界面是浏览器，主要通过浏览器来访问服务器。此结构在事务逻辑处理上，主要是在服务器端实现，形成 3 层结构，如图 2-2 所示，这样可以大大简化客户端电脑载荷，减轻系统维护与升级的成本和工作量，并且降低用户的总体成本和工作量。

2.1.3　C/S 和 B/S 混合体系结构

　　C/S 和 B/S 混合体系结构是基于 C/S 体系结构的成熟性和 B/S 体系结构的先进性，通过灵活的结合方式形成的一种混合结构体。

　　这种结构体的纽带是数据服务器，一方面数据服务器需要响应应用服务器的请求，另一方面要同时响应 WEB 服务器的请求，在此结构体中，C/S 结构部分解决纯 B/S 系统对用户请求响应速度慢的问题，而 B/S 结构部分则打破了用户群只在局域网中的局限性，这样可以同时在广域网和局域网中应用，交互性强，且响应速度大大提高。

　　在建筑组态中，由于不同控制系统经常需要在不同的网段完成，所以一般用的是 C/S 和 B/S 混合体系结构，如图 2-3 所示，这样可以解决在异构环境中建筑各子系统互相通信及信息共享的问题。

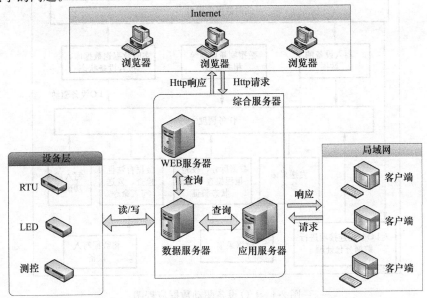

图 2-3　C/S 和 B/S 混合体系架构

2.2 I/O 设备驱动

I/O 设备驱动是组态软件与可编程逻辑控制器（PLC）、电力设备、智能仪表等设备交互通信的桥梁。I/O 设备驱动主要负责从 I/O 设备进行实时数据的采集和下置，因此 I/O 设备驱动的可靠性将直接影响组态软件的性能。

I/O 设备驱动针对某种设备的驱动程序不能驱动其他种类设备的现象，一般情况下，对于采用不同协议通信的 I/O 设备，组态软件都提供了相应的 I/O 驱动程序。

大多数设备制造商会提供电脑与设备间进行数字通信的接口协议和物理接口标准。物理接口标准规定使用何种通信介质、链路层的接口标准，如 RS232、RS485、以太网等；接口协议规定通信双方约定的命令及数据响应格式、数据校验方式等。

如图 2-4 所示，I/O 设备驱动主要是按照接口协议的规定向设备发送数据请求命令，对返回的数据进行拆包，从中筛选出对用户有用的数据（即组态的数据连接项和设备状态数据）。多数设备的通信接口协议都有若干条读写命令，分别用来读写设备上不同类别的数据，而每一条命令又可以读写同类别的多条数据，具体能读写几条是由接口协议规定的。使用组态软件做 I/O 数据连接的用户不需要学习这些内容，只需按照 I/O 设备驱动的说明书建立组态数据库变量与设备数据项的对应关系即可。I/O 设备驱动首先要将组态的

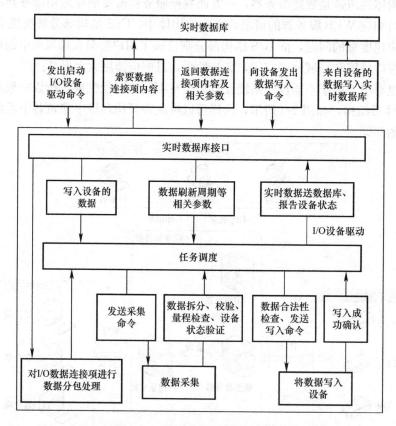

图 2-4　I/O 设备驱动数据流程图

数据连接项根据接口协议的要求按照类别分好，然后将通过一次读写操作能够处理的数据连接项存放在一起，成为一个数据包。在数据通信过程中，往往需要传送多个数据包。I/O设备驱动主要以数据包为单位进行数据处理，这样可以大大提高通信效率。

一般设备的接口协议都会提供设备状态信息的访问方法，即组态软件可以直接读取设备的状态信息；如果接口协议不含有设备状态信息的访问方法，I/O设备驱动只能将通信的状态信息送给实时数据库和界面系统，如通信超时、设置数据成功等。I/O设备驱动的通信状态信息将作为系统报警显示在界面系统的报警窗中。

2.3　数据采集和控制

工业控制现场的原始数据是整个组态监控系统的基础，组态监控系统一般通过通信线路从控制系统中获取现场数据，并通过发送控制指令对现场进行控制。如果无法采集现场数据，后期的计算和控制都将无法进行。

组态的设备通信功能可以完成对控制层的PLC/智能模块、智能仪表等硬件设备的数据采集和控制。组态与I/O设备一般通过以下几种方式进行数据通信。

1）组态可以通过串口、以太网等通信接口经通信电缆连接到硬件设备。串口根据距离的远近和一根通信电缆上连接的设备数量，可以使用RS232、RS422、RS485，串口通信一般在仪表等小型设备或数据通信要求不高的控制设备中使用。

2）组态直接读写安装在机内的IO板卡，或者经过USB端口扩展外接的一些IO板卡。由于没有下位控制器，所以适用于信号的检测等场合。

3）可以通过第三方软件，如OPC方式对设备进行数据采集和控制。

一台运行实时数据库的计算机可以同时和多种不同类型的I/O设备进行通信。

为了使用户更灵活地运用，组态软件隐藏了与硬件设备的通信细节，用户无需了解与现场的通信协议、通信接口的实现方法，只需知道设备的类型，硬件的生产厂家和类型，还有它们是如何与上位机连接的，连接的基本参数等，就可以与设备进行连接通信。

组态软件除了通过"设备通信"和"下位设备"之间交换数据外，还可以通过其他方式与外部进行数据交换，如通过中间数据库、WEB Service等约定的软件接口。

2.4　实时数据库系统

在工业化生产过程中，根据实际需求，需要将采集的数据分别存储在不同的计算机中，并通过网络对其进行分散控制、集中管理，因此对数据的实时存储和处理要求越来越高。实时数据库（RTDB—Real Time DataBase）是数据库系统发展的一个分支，是数据库技术结合实时处理技术产生的，可直接实时采集，获取企业运行过程中的各种数据，并将其转化为对各类业务有效的公共信息。

2.4.1　基本概念

1）点

点（TAG）是实时数据库系统保存和处理信息的基本单位。点是存放于实时数据库的点名字典中，实时数据库根据点名字典决定数据库的结构，分配数据库的存储空间。在创建一个新点时需要先选择点类型及所在区域。

2）节点

数据库一般都是以树状结构来组织点，节点就是树状结构的组织单元，每个节点下可以定义子节点和各个类型的点，同时能对节点进行添加子节点、删除、重命名等操作。

3）点类型

点类型是指定完成特定功能的一类点。组态软件中的实时数据库一般都提供了一些系统预先定义的标准点类型，如模拟 I/O 点、数字 I/O 点、累计点、控制点等。

（1）模拟 I/O 点

模拟 I/O 点的输入和输出量均为模拟量，可以完成输入信号量程变换、报警检查、输出限值等功能。

（2）数字 I/O 点

数字 I/O 点的输入值是离散量，可以对输入信号进行状态检查。

（3）累计点

累计点的输入值是模拟量，除了 I/O 模拟点的功能以外，另外还可以对输入量按照时间进行累计。

（4）控制点

控制点通过执行已配置的 PID 算法来完成控制功能。

（5）运算点

运算点是用来完成各种运算，含有一个或多个输入，一个结果输出。

（6）组合点

在一个系统中，采集的数据与输出值分别位于不同的位置，组合点针对这样的情况可以在数据连接时分别指定输入和输出位置。

（7）雪崩过滤点

雪崩过滤点是用于过滤报警的一类点，它可以将数据库中点的一些不必要报警过滤掉，防止大批量无效报警的出现。

（8）自定义类型点

如果在点类型中自定义了新的类型，则可以在数据库列表中创建自定义类型点。

4）点参数

点参数是含有一个值（整型、实型等）的数据项的名称，组态软件中的实时数据库一般都提供了一些系统预先定义的标准点参数，如 PV、NAME、DESC 等，用户也可以自己定义点参数。点参数的形式为"点名.参数名"。例如："TAG1.PV"代表的是一个 TAG1 的过程测量值，"TAG2.DESC"代表的是 TAG2 的点描述。

5）数据连接

数据连接是确定点参数值的数据来源的过程，组态软件数据库是通过数据连接来建立与其他应用程序的数据通信过程的。数据连接分为以下几种类型：

（1）I/O 设备连接。I/O 设备连接是确定数据来源于 I/O 设备的过程。当数据源为 DDE、OPC 应用程序时，对其数据连接过程与 I/O 设备相同。

（2）网络数据库。网络数据库连接是确定数据来源于网络数据库的过程。

（3）内部连接。本地数据库内部同一点或不同点的各参数之间的数据连接过程，即一个参数的输出作为另一个参数的输入。

2.4.2　创建实时数据库

实时数据库是整个应用系统的核心，主要承担系统的实时数据处理、历史数据存储、数据的分析与处理和数据服务请求等功能，从而完成与数据采集的双向数据通信。组态软件中的实时数据库系统是一个分布式的数据库系统，将具有执行期限的数据和事务分布在不同的节点上，通过分布式数据库系统进行统一管理。实时数据库将点作为数据库的基本数据对象，确定数据库结构，分配数据库空间，并按照区域、单元等结构划分，对点"参数"进行管理。

2.4.3　数据库在建筑管理信息系统中的作用

建筑管理信息系统大部分是基于数据库的应用系统，数据库结构设计的好坏直接对建筑系统的效率及运行效果产生影响。用户的需求具体是体现在对各种信息的查询和保存等环节上，需要满足数据的输入和输出要求。例如，在住宅楼中，业主的信息主要包括楼号、单元号、门牌号等，车辆管理系统中需要通过车牌号扫码来对车辆出入管理。因此，在建筑管理信息系统中设计数据库主要是从用户需求的角度出发，来确定数据库的应用范围，并且收集和分析数据资料。

第3章　组态软件的开发

组态软件最早是在20世纪80年代应用，在国内的发展只有十几年的时间，最早开发的通用组态软件是在DOS环境下的组态软件，特点是具有简单的人机界面（MMI，Man Machine Interface）、图库、画图工具箱等基本功能。随着Windows的广泛应用，Windows环境下的组态软件成为主流。与DOS环境下的组态软件相比，其最突出的特点是图形功能有了非常大的改进。国外很多优秀通用组态软件是在英文状态下开发的，它具有应用时间长、用户界面不理想、不支持或不免费支持国内普遍使用的硬件设备、组态软件本身费用和组态软件培训费用高昂等因素，这些也正是国际通用组态软件在国内不能广泛应用的原因。随着国内计算机水平和工业自动化程度的不断提高，通用组态软件的市场需求日益增大。近年来，一些技术力量雄厚的高科技公司相继开发出了适合国内使用的通用组态软件。表3-1是几种常用的组态软件介绍。

几种组态软件的介绍　　　　　　　　　　　　　　　　　　　　表3-1

组态软件	简介
MCGS（Monitor and Control Generated System）	由北京昆仑通态自动化软件科技有限公司开发的一套基于Windows平台，用于高速构造和生成上位机监控系统的组态软件系统。组态软件是通态软件公司开发的，可运行于Microsoft Windows 95/98/Me/NT/2000等操作系统
WinCC	Simens的WinCC是一套完备的组态开发环境，Simens提供类C语言的脚本，包括一个调试环境。WinCC内嵌OPC支持，并可对分布式系统进行组态。但WinCC的结构较复杂，用户最好经过Simens的培训以掌握WinCC的应用
力控监控组态软件	北京三维力控科技依据当前的自动化技术的发展趋势，总结多年的开发、实践经验和大量的用户需求而设计开发的高端产品。该产品主要定位于国内高端自动化市场及应用，是企业信息化的有力数据处理平台
组态王	国内第一家较有影响的组态软件开发公司。组态王提供了资源管理器式的操作主界面，并且提供了以汉字作为关键字的脚本语言支持。组态王也提供多种硬件驱动程序

3.1　组态软件界面的开发

组态软件主要由开发系统（Draw）、界面运行系统（View）和数据库系统（DB）组成。开发系统由若干个组态程序组成，比如图形界面程序、实时数据库程序、设备通信程序、历史数据库程序和脚本程序等，是用户制定控制方案，通过建立一系列数据文件，供系统运行使用；界面运行系统是在运行环境下，目标应用程序被装入计算机内存并投入实时运行，实时采集数据并且显示在系统中，组态软件支持在线云组态技术，即在不退出系统运行环境的情况下可以直接进入组态开发环境并修改组态，使修改后的组态直接生效；数据库系统主要完成现场数据的采集、实时和历史数据处理等功能。

开发一个系统的基本步骤如下：首先是定义 I/O 设备；其次是构造实时数据库，正确组态各种变量参数；然后建立窗口监控界面，对图元对象建立动画连接；接着编写脚本程序，进行分析曲线、报警显示以及开发报表系统；最后进行运行和调试。

下面以水箱液位控制项目为例，介绍组态软件建立新工程的基本步骤。在该项目中，控制任务是水箱空时自动开启入口阀门灌入水，当水箱满时排放水，如此反复循环。

通常根据工业生产项目的需求，首先要将全部 I/O 点参数收集齐全，以备在监控组态软件和设备组态时使用。例如，在本项目中，根据工艺需求，需要定义 5 个控制点，分别是水箱水位的实时高度、入口阀门、出口阀门、项目的启动和停止按钮。

3.1.1　定义 I/O 设备

在工业生产中，所有的控制点都要认真研究，搞清楚所有点的 I/O 设备生产商、种类、型号、通信接口类型以及所采用的通信协议，以便在定义 I/O 设备时做出准确判断。一般情况下，对于采用不同协议通信的 I/O 设备，组态软件都提供了相应的 I/O 驱动程序。创建 I/O 设备的步骤如下。

首先在"工程浏览器"界面中双击"设备"中的"COM1"，如图 3-1 所示，双击"新建"图标。

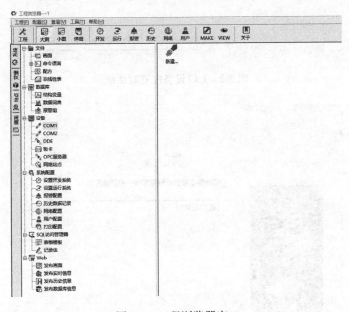

图 3-1　工程浏览器窗口

然后根据 I/O 设备的类型和相关参数，选择对应的 I/O 设备，接下来以仿真驱动 Simulate 为例，双击 Simulate 出现"设备配置向导-生产厂家、设备名称、通信方式"对话框，如图 3-2 所示，根据需求将各参数进行编辑。

单击"下一步"按钮，弹出"设备配置向导-逻辑名称"对话框，给新 I/O 设备取一个名称，如图 3-3 所示。

为设备选择连接的串口为 COM1，弹出"设备配置向导-选择串口号"对话框，如图 3-4 所示。技术人员为配置的串行设备指定与计算机相连的串口号，此串口列表框中共有 128 个串口供技术人员选择。

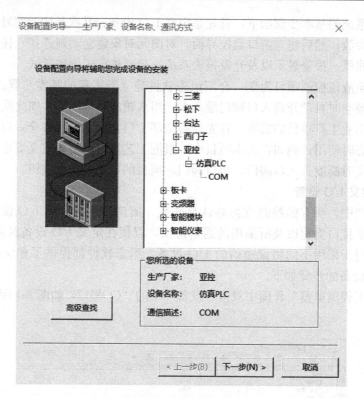

图 3-2　I/O 设备配置对话框

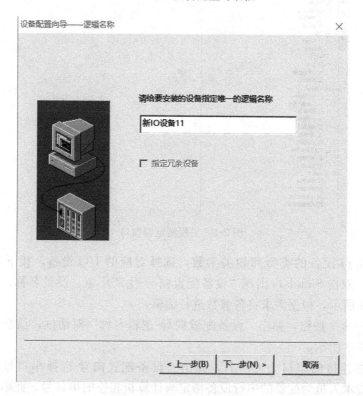

图 3-3　指定设备逻辑名称

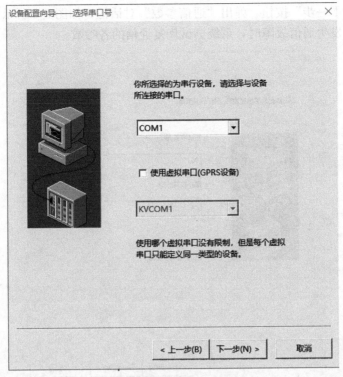

图 3-4　选择设备连接的串口

　　单击"下一步"按钮,弹出"设备配置向导-设备地址设置指南"对话框,如图 3-5 所示。技术人员为串口设备指定设备地址,该地址对应实际的设备定义的地址。

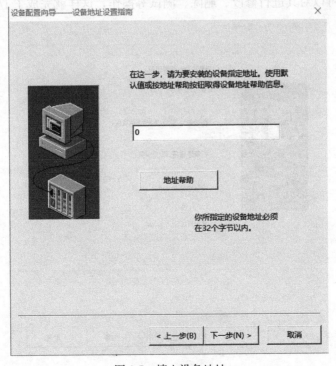

图 3-5　填入设备地址

继续单击"下一步"按钮，弹出"通信参数"对话框，如图3-6所示。该对话框设置了一些关于设备发生通信故障时，系统尝试恢复通信的各参数。

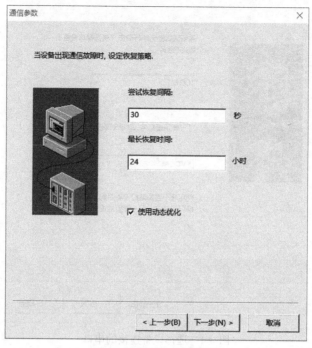

图 3-6 通信参数设置框

最后参数设置好以后单击"完成"，如图3-7所示，可以在主窗口看到添加的 I/O 设备，用鼠标右击可以对其进行修改、删除、测试等操作，这样就完成了 I/O 设备的配置。

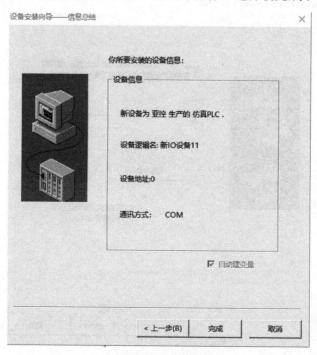

图 3-7 配置信息总结

3.1.2 定义数据变量

工业现场的生产状况是以动画的形式呈现在屏幕中，同时，用户在电脑上发布的控制指令也要及时地送达现场，这个监控过程是以实时数据库为中介，数据库是上位机与工业现场的桥梁。人机界面程序运行时，工业现场的生产状况是以数据的形式在画面中显示，这些代表变化数据的对象就叫做变量。数据库中存放的是变量的当前值。

根据工业生产项目的需求，需要从下位机采集各种现场信号，这些现场数据都是通过驱动程序采集到的，需要在数据库中定义变量。变量的基本类型分为两种，分别是 I/O 变量和内存变量。

I/O 变量是指可以与外部数据采集程序直接进行数据交换的变量，如下位机数据采集设备（PLC 和智能仪表等），这种数据交换是双向的、动态的。所以，从下位机采集到的数据和发送到下位机的控制指令等变量都需要设置成 I/O 变量。

内存变量是指不需要和其他应用程序交换数据，也不需要从下位机得到数据，只在组态软件内部需要的变量，比如计算过程中的中间变量可以设置成内存变量。

进入开发系统后，具体的步骤如下：

在工程浏览器窗口左侧选择数据库中"数据词典"双击右侧"新建"图标，弹出"定义变量"对话框，在此对话框中添加各变量属性，定义变量。

组态中的实时数据库就是通过数据连接来建立与其他应用程序的数据通信过程的，创建的点参数和定义的 I/O 设备进行数据通信的过程就是数据连接的过程。但是实时数据库可以同时与多个 I/O 设备进行数据通信，所以必须要先指定点和 I/O 设备建立数据连接。因此在"定义变量"对话框中要选择需要连接的 I/O 设备，如图 3-8 中在"连接设备"一栏要选择需要连接的 I/O 设备。

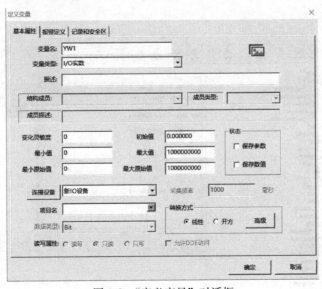

图 3-8 "定义变量"对话框

3.2 脚本文件与控制逻辑

组态软件提供动作脚本编译系统，用户可利用这些程序来增强应用程序的灵活性。它的命令语言是一种类似 C 语言的程序，允许在组态软件基本功能的基础上，扩展自定义的功能来满足用户的要求。命令语言是靠事件触发执行的，如键盘按键的按下、鼠标的点击、数值的输入等，根据功能的不同，利用脚本语言可以在运行系统中被编译执行，从而完成对工业现场的数据处理和指令发送。

3.2.1　命令语言类型

所有的命令语言都是靠事件触发驱动的。事件是指对于控制系统的行为和动作，可以是数据的输入和输出、鼠标或者键盘动作等，不同类型的命令语言决定以何种方式加以控制。

1）应用程序命令语言。它是在运行系统应用程序启动时、运行期间和退出程序时执行的命令语言程序。

2）数据改变命令语言。数据改变命令语言触发的条件是连接的变量值发生了改变。

3）事件命令语言。它是在规定的表达式条件成立时所执行的命令语言。

4）热键命令语言。它主要是连接到用户规定的指定热键上，在系统运行期间，用户随时按下相应的热键都可以启动这段命令语言。

5）画面命令语言。它是与画面是否显示的有关命令语言程序有关。

6）动画连接命令语言。对于相对复杂的人机界面，一般的动画连接无法实现所需的功能，需要单击按钮等图元才能执行，可以使用动画连接命令语言进行控制。

3.2.2　命令语言语法

命令语言程序的语法跟一般的 C 语言语法差不多，每一个程序语句的末尾都用"；"结束，在使用 if…else…、while（）等语句时，其程序要用"｛｝"括起来。

在工程浏览器窗口左侧选择文件中"命令语言"选择相应的语言类型双击，以"应用程序命令语言"弹出"应用程序命令语言"对话框，在此对话框中完成各种命令，如图 3-9 所示。

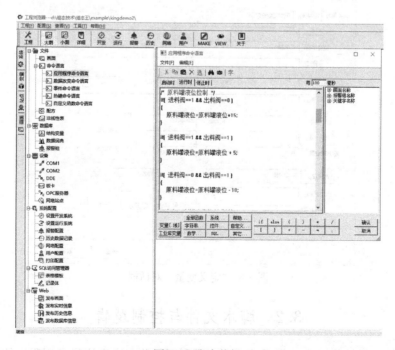

图 3-9　脚本编辑

3.3　组态画面的输出

组态软件开发的应用程序主要是以"画面"作为用户监控的人机界面。组态软件采用面向对象的编程技术，提供多种类型的绘图工具和图库、实时趋势曲线和历史趋势曲线、报警窗口等复杂的图形对象，使用户可以方便地建立图形界面。

进入开发系统后，需要创建新窗口才能输出组态画面。如图 3-10 所示，在"窗口属性"对话框中，可以设置窗口的相关属性，例如画面位置、画面风格等。

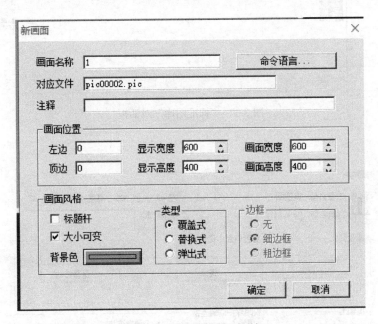

图 3-10　"窗口属性"对话框

3.3.1　图形对象的创建和使用

创建窗口之后就可以在该窗口中创建图像对象。

在开发系统中点击"工具"中的"标准图库"，会出现如图 3-11 所示的对话框。"标准图库"中把使用频率较高的图形对象集中在这个对话框中，这样既降低了用户设计界面的难度，缩短开发周期，又利用图库的开放性可以生成自己的图库元素，提高了开发效率。

3.3.2　动画连接

用户在组态开发系统中所制作的画面都是静态的，为了能够形象地反映工程控制现场的运行状态，这些图形对象必须"活动"起来。动画连接就是建立用户创建的图形对象与数据库变量的对应关系。当工程控制现场中的数据发生变化时，通过 I/O 接口引起实时数据库中变量的变化，从而在组态界面中能清楚地看到工控现场的运行状态。

确定图形对象后，将图像双击会出现"动画连接"对话框，如图 3-12 所示。

组态软件中提供"属性变化"、"位置与大小变化"、"值输出"和"权限保护动画连接"等动画连接，可以使对象能够按照变量的值改变其显示。

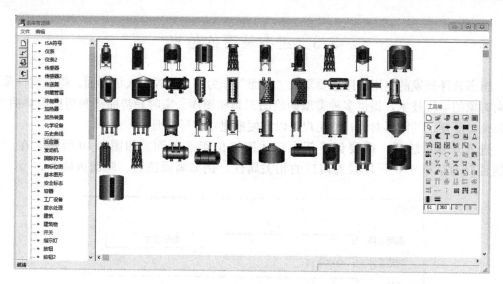

图 3-11 "标准图库"对话框

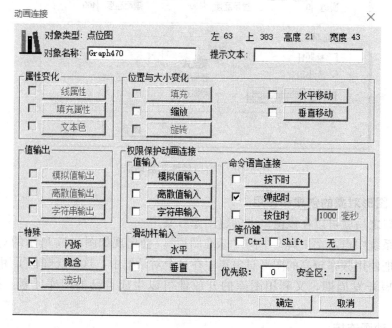

图 3-12 "动画连接"对话框

3.3.3 趋势曲线

组态软件的实时数据和历史数据除了在人机界面中以值输出的方式以外，还可以用曲线的形式显示。趋势分析是组态软件中很重要的功能，趋势曲线有实时趋势曲线和历史趋势曲线两种。

实时趋势曲线是某个变量的实时值随时间变化而绘出的该变量与时间的关系曲线图，通过实时趋势图可以查看某个变量在当前时刻的状态，可以了解工业现场的当前生产状况。

历史趋势曲线是通过保存在实时数据库中的历史数据随历史时间而变化的关系曲线图,通过历史趋势图可以查看工业现场的历史数据,从而对生产过程数据进行分析。

以历史趋势曲线为例,在开发系统的菜单中选择"工具"中的"趋势曲线",在开发窗口中会出现如图 3-13 的控件。

"趋势曲线"控件创建后,需要对其进行配置。双击"趋势曲线控件"则会出现"属性"对话框,如图 3-14 所示。

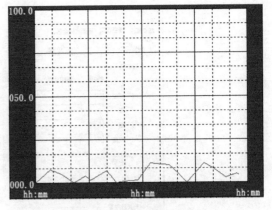

图 3-13　趋势曲线控件

根据需求对属性对话框进行参数设置,可以对曲线类型(实时趋势或历史趋势)、变量类型以及时间进行设置,保存数据更改,从而得到创建的趋势曲线图。

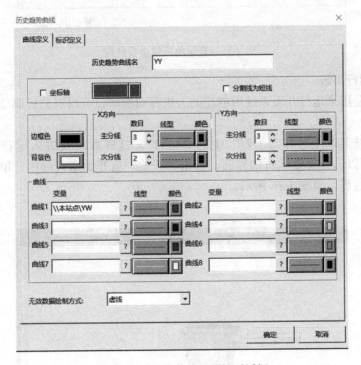

图 3-14　"趋势曲线"属性对话框

3.3.4　报警

报警是指当系统发生异常的时候,系统会自动产生相应的警告信息,并发送给用户。

设置报警前,必须要在定义数据库变量时对报警做相应的配置,如图 3-15 所示。

限值报警是指模拟量的测量值在跨越报警限值时产生的报警。当变量的值发生变化时,如果跨越某一限制,则会立即产生报警。对于某个变量,在同一状态下只能产生一种越限报警。

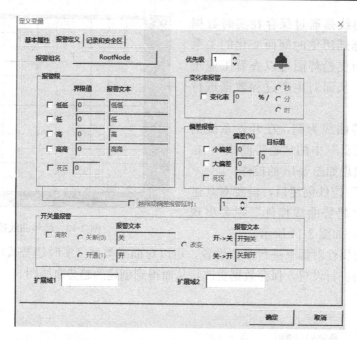

图 3-15　变量的报警参数设置

3.3.5　运行系统

运行系统是用来运行开发系统所创建的人机界面程序，可以对监控画面进行启动、停止等操作。

在开发系统菜单中选择"工程"中的"运行"，这样系统就进入运行界面了，打开"文件"选项可以选择需要运行的界面，点击"开始"后开始运行程序，单击"停止"按钮来中止这个过程，如图 3-16 所示。

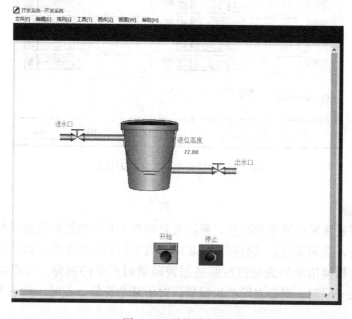

图 3-16　最终效果图

第4章 建筑设备管理系统

4.1 概 述

建筑物内有大量的空调设备、给水排水设备和电气设备等，这些设备的特点是多而散：多即数量多，需要控制、监视和测量的对象多；散即这些设备分散在建筑物各个楼层和角落。若采用分散管理，就地控制、监视和测量，工作量难以想象，且系统控制相对独立，缺乏整体性，不便于建筑设备自动化系统的统一管理。

建筑管理系统包括建筑设备管理系统，公共安全系统与机房工程。建筑设备管理系统主要对各类建筑机电设施实施优化管理，所对应的自动化系统即为建筑设备自动化系统（BAS）。公共安全系统包括安全防范系统（SAS）、火灾自动报警系统（FAS）和应急联动系统（CERS）。建筑设备管理系统（BMS）的结构如图4-1所示，本章主要讨论建筑设备自动化系统。

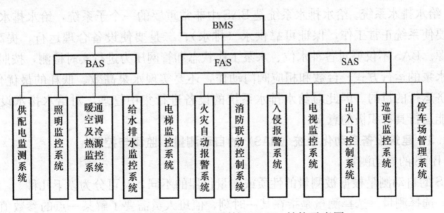

图 4-1 建筑设备管理系统（BMS）结构示意图

4.1.1 建筑设备自动化系统的功能

1）设备监控与管理。能够对建筑物内的各种建筑设备实现运行状态监视，启停、运行控制，并提供设备运行管理，包括维护保养及事故诊断分析、调度及费用管理等。

2）节能控制。包括空调、供配电、照明、给水排水等设备的控制。它是在保障室内建筑环境的前提下实现节能运行，降低运行费用的节能控制策略。

4.1.2 建筑设备自动化系统的范围及内容

1）供配电系统。安全、可靠的供配电是建筑正常运行的基础条件也是先决条件，建筑供配电系统具有供电可靠性要求高、用电设备多、电气线路多、电气设备用房多、耗电量大等特点，电力系统不仅具有继电保护与备用电源自动投入等功能要求，还需对开关和变压器设备的状态、系统的电流、电压、有功功率、无功功率、功率因数和电能等参数进行自动监测与报警，进而实现全面的能量管理。为保证供配电系统运行的安全性、可靠性，现阶段 BAS 对供配电系统仅进行监测，特殊环境中（如火灾）如需对供配电系统进行自动控制，仅对主开关、断路器等设备的工作状态进行自动控制，且须由专用设备完成。

2）照明系统。有数据显示，公共建筑中照明系统的能耗仅次于供暖、通风与空调系统，照明系统的用电设备多、用电量大，还会导致冷气负荷的增加，因此，建筑中照明控制应多重视节能控制，不仅要按照不同的时间和用途对环境的光照进行控制，提供符合工作、休息或娱乐所需的照明，产生特定的视觉效果，改善工作环境，提高工作效率，还要达到良好的节电效果，实现照明节能目标。

3）电梯系统。电梯是目前大多数建筑必备的垂直交通工具，对电梯控制系统的要求是：安全可靠，启、制动平稳，感觉舒适，平层准确，候梯时间短，节约能源。电梯通常自带计算机控制系统以完成对电梯自身的全部控制，多台电梯还需实现电梯群控，以达到优化传送、控制评价设备使用率和节约能源的目的。电梯自带的计算机控制系统还需留有与 BAS 的通信接口，用于与 BAS 交换需检测的状态、数据信息，并可联网实现优化管理。BAS 中不仅要对电梯楼层的状态、电气参数等进行检测，必要时还可对电梯的运行状态进行强行干预，以便根据需要随时启动或停止任何一台电梯。

4）供暖、通风与空气调节系统。供暖、通风与空气调节系统在建筑中能耗大，故在保证室内环境舒适的条件下，应尽量降低能耗。

5）给水排水系统。给水排水系统是 BAS 中非常重要的一个子系统，给水排水系统控制一是要使系统正常工作，保证可靠供水（排水）；二是要使设备合理运行，提高效率，节约能源。BAS 不仅要对各种水位、水泵工作状态和管网压力进行实时检测，按照一定要求控制水泵的运行方式、台数和相应阀门动作，还要实现水泵高效、低耗的最优化控制，达到经济运行的目的。因此对给水排水系统的设备进行集中管理，对给水排水设备的可靠、节能运行具有积极的意义。

4.1.3 建筑设备自动化系统（BAS）的自动测量、监测与控制

1）BAS 的自动测量

BAS 的自动测量根据被测量的性质或测量仪器的不同，又可分为以下几种。

（1）选择测量。选择测量是指在某一时刻，值班人员需要了解某一点的参数值，可选择某点进行参数测量，并在屏幕上将测量值用数字或图形表示出来。如果测量值与给定值之间有偏差，就将其偏差送入中央监控装置中去。

（2）扫描测量。扫描测量是指以选定的速度连续逐点测量，对测量点所取得的资料都规定上限值和下限值，每隔一定时间扫描一次，如果超出规定值，则发出警报并在显示器上显示出来，遇到未运转的设备就跳位，自动把它排除，继续进行扫描。

（3）连续测量。连续测量是指采用常规仪表进行在线不间断的测量和指示。

2）BAS 的自动监视

建筑设备自动化的自动监视，指对建筑物中的配电设备、空调、卫生、动力设备、火灾及安全防范设备、照明设备、应急广播设备、电梯设备等进行监视、测量、记录。

（1）状态监视。状态监视和故障监视这两种装置并用的情况较多，其目的是监视设备的启停开关状态及切换状态。

启停状态——空调、卫生设备的风机、泵、冷冻机、锅炉等的启动、停止状态。

开关状态——配电、控制设备的开关状态。

切换状态——空调、卫生设备的各种阀的开关切换状态。

(2) 故障、异常监视。机电设备发生异常故障时，应分别采取必要的紧急措施及紧急报警。通常，重大故障紧急报警一旦出现，必须紧急停止和切断电源，轻故障时一旦发出报警，应马上紧急停止设备运行，但不切断电源。

(3) 火灾监视。建筑物中应设有火灾自动报警系统，该系统由火灾探测器、火灾报警装置和消防联动装置等组成。当火灾发生时，探测器能将火灾产生的烟雾、热量、火焰等物理信号转化为电信号，传送给报警控制器，报警控制器通过报警装置发出声光报警信号，并通过消防联动控制设备发出一系列的减灾、灭火控制信号。

3) BAS 的自动控制

BAS 的自动控制包括建筑设备的启停控制、设定值控制、设备 (或系统) 的节能控制和消防系统控制等。BAS 的自动控制方式按控制系统的结构分类，主要分为开环控制、闭环控制和复合控制。

4.1.4　BAS 的系统集成技术/BAS 中组态技术的应用

建筑设备自动化系统将各个控制子系统集成为一个综合系统，其核心技术是集散控制系统，它由计算机技术、自动控制技术、通信网络技术和人机接口技术相互发展渗透而成，既不同于分散的仪表控制系统，又不同于集中式计算机控制系统，它吸收了两者的优点，在它们基础上发展而成，是一门系统工程技术，具有很强的生命力和显著的优越性。利用集散控制技术将 BAS 构造成一个庞大的集散控制系统，这个系统的核心是中央监控与管理计算机，中央监控与管理计算机通过信息通信网络与各个子系统的控制器相连，组成分散控制、集中监视和管理的功能模式，各个子系统之间通过通信网络也能进行信息交互和联动，实现优化控制管理，最终形成统一的由 BAS 运作的整体。

由于 BAS 所面临的监控对象的复杂性，目前全球范围内没有一个厂商能够提供所有的软硬件产品，这就形成了各自为政、占山为王、相互争夺地盘的竞争状态，最终导致 BAS 的产品没有一个统一的标准，在子系统之间就存在一个 BAS 特有的问题：信息不能共享，不能互联互通联动。为解决这个问题，BAS 发展了另一个核心技术：系统集成技术，通过系统集成最终将不同厂家、不同协议标准的产品组织在一个大系统中，实现信息互联互通，达到控制联动、信息共享的目的。

系统集成通俗的理解就是把构成建筑设备自动化的各个主要子系统，从各自分离的设备、功能、信息等集成在一个互联互通互操作的、统一的和协调的系统之中，使资源达到充分的共享，系统集成是一个涉及多学科多技术的综合性应用领域。

系统集成包括功能集成、网络集成和界面集成等，将建筑从功能到应用进行开发及整合，从而实现对建筑全面和完善的综合管理。

1) 系统集成技术能实现许多联动功能，如教室用电管理与课表及作息时间的联动控制、安防探测器动作后联动灯光和视频监视等，不仅完善了建筑设备自动化的功能，还使建筑对环境应用等的响应具备了智能化的特征。

2) 系统集成技术能实现许多测控管一体化的功能。例如，对设备运行的数据进行统计分析，可以得到有关该设备的工作状态评价数据，进而预先制订维修保养计划。这种信息的共享提高了工作效率也有利于控制运营成本。

3）系统集成技术能实现集中管理的功能，提高了效率。例如它可以将许多子系统的操作管理集成到一个中心、一个桌面、一个窗口下，既减少了设备和场地，又减少了管理人员。

4）系统集成技术能够在软件层面上进行功能开发，不但可以增加新功能，也可以进行硬件优化、优化系统方案、减少投资成本。比如在闭路电视监控系统上应用图像识别技术，就可以开发出记录重点车牌、记录保安巡更路线的图像监控，以及实现早期火灾识别报警，可疑人员自动识别报警的功能。

系统集成是个庞大工程，贯穿建筑的整个生命周期，目前很难完全实现。在绝大多数场合中，都是应用组态软件来实现系统集成中的部分功能：对自动化过程和装备的监视和控制。它能从自动化过程和装备中采集各种信息，并将信息以图形化等更易于理解的方式进行显示，将重要的信息以各种手段传送到相关人员对信息执行必要的分析、处理和存储，同时发出控制指令。

4.2 空气调节系统

影响室内空气环境参数的变化，主要是由两个方面原因造成的：一是外部原因，如太阳辐射热和外界气候条件的变化；二是内部原因，如室内设备和人员散热量、散湿量等。当室内的空气参数偏离设定值时，就需要采取相应的空气调节措施和方法，使其恢复到规定值。

一般空调系统包括以下几个部分：

1）进风。出于人体对空气新鲜度的生理要求，空调系统必须有一部分空气取自室外，常称新风。进风口和风管等部件组成了进风部分。

2）空气过滤。由进风部分引入的新鲜空气，必须先经过过滤以除去颗粒较大的尘埃。一般空调系统都装有预过滤器和主过滤器两级过滤装置。根据过滤的效果不同，大致可以分为初（粗）效过滤器、中效过滤器和高效过滤器。

3）空气的热湿处理。将空气加热、冷却、加湿和减湿等不同处理过程组合在一起统称为空调系统的热湿处理部分。热湿处理设备主要有两大类型：直接接触式和表面式。

直接接触式：与空气进行热湿交换的介质直接和被处理的空气接触，通常是将其喷淋到被处理的空气中。喷水室、蒸汽加湿器、局部补充加湿装置以及使用固体吸湿剂的设备均属于此类。

表面式：与空气进行热湿交换的介质不直接接触空气，热湿交换是通过处理设备的表面进行的。表面式换热器就属于此类。

4）空气的输送和分配。将调节好的空气均匀地输入和分配到空调房间内，以保证空气具有合适的温度场和速度场。这是空调系统空气输送和分配部分的任务，由风机和不同形式的管道组成。

根据用途和要求不同，有的系统只采用一台送风机，称为"单风机"系统；有的系统采用一台送风机和一台回风机，称为"双风机"系统。

5）冷热源部分。为了使空调系统具有加温和冷却能力，空调系统必须具备冷源和热源两部分。冷源有自然冷源和人工冷源两种。热源也有自然和人工两种。

采用不同的冷热源可以构成不同的空调系统,常见的空调系统有以下几种。

(1) 水冷冷水机组+锅炉+空调末端;

(2) 风冷冷热水机组+空调末端组成的集中式/半集中式空调系统;

(3) 多联机或多联变频变冷媒量热泵系统;

(4) 直燃式溴化锂冷水机组+空调机组组成的集中式/半集中式空调系统;

(5) 地源热泵空调系统;

(6) 冰蓄冷低温送风空调系统。

空调设备监控的目的是控制温湿度、提高舒适性和节约能源。其控制范围包括冷水机组、空气处理机组、送排风系统和变风量末端等,进行系统、设备运行工况的监视、控制、测量和记录。

4.2.1 空调机组监控系统

空调机组系统即空气热湿处理系统,控制特定区域提供经过处理的空气,达到特定区域的环境保持舒适性条件的目的,通过检测温湿度参数,根据设定值,经控制器计算以控制水阀开度、设备启停,达到保持舒适性环境和节能目的,同时实时监测各设备状态,及时对设备进行检修维护。

空调机组有各种不同的形式,其功能不同,监控内容也应有所不同。系统硬件主要由风门驱动器、温度传感器、湿度传感器、压差报警开关、电动调节阀、压力传感器、现场控制器等组成。

1) 新风机组监控内容

新风机组控制包括:送风温度控制、送风相对湿度控制、防冻控制、CO_2 浓度控制、各类连锁控制。如新风机组要考虑承担室内负荷(如直流式机组),还要控制室内温度(或室内相对湿度)。图 4-2 所示是新风机组采用送风温度控制策略时的 DDC 监控点图,新风机组采用送风温度控制时,全年有两个操作量——夏季操作量和冬季操作量,通常是夏季控制空气冷却器水量,冬季控制空气加热器水量或蒸汽加热器的蒸汽流量。新风阀的开启与关闭由电动风阀 FV-101 操纵,过滤网两侧设有压差传感器 PdA101,换热器回水管上设有回水调节阀 TV-101,换热器后风管到内设有防冻开关 TS,加湿室进水管上设有加湿调节阀 TV-102,送风机进出风口两侧设有压差传感器 PdA102,送风机电控箱内有交流接触器 KM、热过载继电器 FR,温度传感器 T 和湿度传感器 H 一般设于机组所在机房内的送风管上,控制器一般设于机组所在的机房内。新风机组 DDC 系统可实现如下监测与控制功能。

(1) 监测功能

a. 风机的状态显示、故障报警。使用压差开关 PdA 监测送风机的工作状态,风机启动,风道内产生风压,送风机的送风管压差增大,压差开关闭合表示风机运行,空调机组开始执行顺序启动程序,当风机两侧压差低于设定值时,故障报警并停机。风机停转后,压差开关断开,显示风机停止。风机事故报警(过载信号)采用热过载继电器辅助常开触点作为 DI 信号接到 DDC 系统。

b. 测量风机出口空气温湿度参数,了解机组是否将新风处理到要求的状态,选用热电阻或输出信号为 DC 4~20mA 和 DC 0~10V 的温、湿度变送器接在 DDC 的 AI 通道上,或者将数字温、湿度传感器接至 DI 通道上。

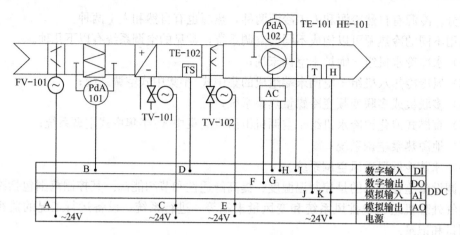

图 4-2　新风机组 DDC 监控点图（送风温度控制）

c. 测量新风过滤器两端压差，以了解过滤器是否需要更换。当过滤器阻力增大时，压差开关吸合，产生"通"的开关信号，通过 DI 通道接入 DDC 系统。

d. 检查新风阀状态，以确定其是否打开。

（2）控制功能

a. 根据要求启、停风机。

b. 自动控制换热器回水侧调节阀，使风机出口空气温度达到设定值。水阀可在 DDC 输出 AO 信号控制下联系调节电动调节阀以控制风温，也可采用三位 PI 控制器的两个 DO 输出通道控制，一路 DO 控制电动执行器正转，开大阀门，另一路 DO 控制电动执行器反转，关小阀门。有时为了了解准确的阀位位置，还可以通过一路 AI 通道测量阀门的阀位反馈信号。

c. 自动控制蒸汽加湿器调节阀，使冬季风机出口空气相对湿度达到设定值。

d. 利用 AO 信号控制新风电动风阀，也可用 DO 信号控制新风电动风阀。

（3）联锁及保护功能

a. 在冬季，当某种原因造成热水温度降低或热水停止供应时，为了防止机组内温度过低冻裂换热器，应由防冻开关 TS 发出信号，通过 DDC 系统自动停止风机，同时关闭新风阀门。打开热水阀，当热水恢复供应时，应能重新启动风机，打开新风阀，恢复机组的正常工作。

b. 风机停机，电动风阀、电动调节阀同时关闭；风机启动，电动风阀、电动调节阀同时打开。

（4）集中管理功能

a. 显示新风机组启/停状态，送风温度、送风湿度、风阀、水阀状态。

b. 启/停新风机组，修改送风参数设定值。

c. 当过滤网两侧压差过大、冬季热水中断、风机电动机过载或其他原因停机时，可自动报警并显示报警内容。

d. 自动/远程控制。风机的启/停及各个阀门的调节均可现场控制或通过 DDC 联网远程操作。

2）一次回风监控内容

全空气空调系统为了节能通常使用回风，即利用一部分回风与新风混合后，经空气处理机组对混合空气进行热湿处理，送入房间与房间进行热、湿交换，以达到室内要求的空气参数。以变露点定风量空调系统为例，图 4-3 所示是变露点定风量空调系统的 DDC 监控点图。该系统检测与控制的内容如下。

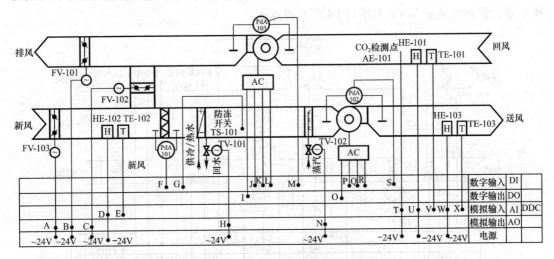

图 4-3　变露点定风量空调系统的 DDC 监控点图

（1）检测内容

a. 空调机新风温、湿度。

b. 空调机回风温、湿度。

c. 送风机出口温、湿度，超温、超湿时报警。

d. 过滤器压差超限报警。

e. 防冻保护开关状态监测。

f. 送风机、回风机状态显示、故障报警。

g. 回水电动调节阀、蒸汽加湿阀开度显示。

（2）自动控制内容

a. 回风温度自动控制。检测回风管内的温度与系统设定值进行比较，DDC 输出控制调节回水调节阀开度，使回风温度保持在设定的范围内。

b. 回风湿度自动控制。检测回风管内的湿度与系统设定值进行比较，DDC 输出控制调节湿度电动调节阀，使室内湿度保持在设定的范围内。

c. 新风电动阀、回风电动阀及排风电动阀的比例控制。对回风管、新风管的温度与湿度进行检测，计算新风与回风焓值，按回风和新风的焓值比例，控制回风阀和新风阀的开启比例。

（3）连锁控制

a. 空调机组启动顺序控制。送风机启动→新风阀开启→回风机启动→排风阀开启→回水调节阀开启→加湿阀开启。

b. 空调机组停机顺序控制。送风机停机→关闭加湿阀→关闭回水阀→停回风机→新风阀、排风阀全关→回风阀全开。

c. 火灾停机。火灾时，由建筑物自动控制系统发出停机指令，统一停机。

对全空气空调系统来说，末端控制包括变风量和定风量两种，定风量末端大多采用温控器加三速开关控制电磁阀的方式调节，以达到舒适性控制目的，变风量末端一般自身带有控制设备，可用DDC与其接口互联，检测参数及运行状态，以达到控制的要求。图4-4所示是二管制变风量VAV系统的DDC监控点图。

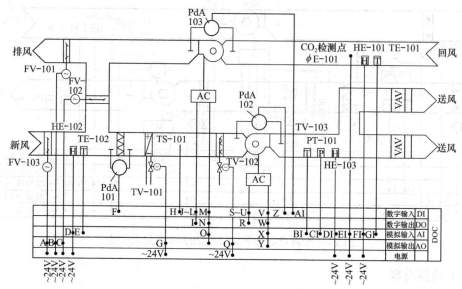

图 4-4　二管制变风量 VAV 系统的 DDC 监控点图

4.2.2　冷热源系统的监控

集中空调冷热源系统一般以制冷机锅炉热泵热水机组为主，配以多种水泵、冷却塔、热交换机、膨胀水箱、阀门等。冷热源系统是空调系统的核心，也是能耗大户，因此是系统的监控重点。冷热源系统的监测与控制，包括制冷机，锅炉主机及可辅助系统的监测控制。冷源与热源一般自带控制系统，能自主完成对机组各部位的状态参数的监测，实现故障报警、制冷量的自动调节及机组的安全保护，大多数设备都留有与外界交换信息的接口。以冷源系统为例，其系统的监测与控制任务主要是：

1. 制冷系统的运行状态监测、监视、故障报警、启停程序配置、机组台数或群控控制、机组运行均衡控制。

2. 冷水供、回水温度、压力与回水流量、压力检测、冷却泵启停控制和状态显示、冷水泵过载报警，冷水进出水温度、压力检测，冷却水进出口温度检测，冷却水最低回水温度控制，冷却水泵启停控制和状态显示、冷却水泵故障控制，冷却塔风机启停控制和状态显示、冷却塔风机故障报警等。

空调水系统指由中央设备供应的冷（热）水为介质并送至末端空气处理设备的水路系统。空调水系统的形式多种多样，通常有以下几种划分方式：

（1）按水压特性划分，可分为开式系统和闭式系统。

（2）按冷、热水管道的设置方式划分，可分为双管制系统、三管制系统和四管制系统。

（3）按各末端设备的水流程划分，可分为同程式系统和异程式系统。

（4）按水量特性划分，可分为定水量系统和变水量系统。

（5）按水的性质划分，可分为冷（媒）水系统、冷却水系统和热水系统。

冷冻站系统控制设备由冷水机组、冷却水泵、冷水泵和冷却塔组成，自动控制主要目的是协调设备之间的连锁控制关系进行自动启停，同时根据供、回水温度、流量、压力等参数计算系统冷量，控制机组运行以达到节能目的。

冷冻站运行参数的监控包括：

1. 冷水机组出口冷水温度；

2. 分水器供水温度；

3. 集水器回水温度；

4. 冷却水泵进口水温度；

5. 冷水机组出口冷却水温度；

6. 冷水机组出口冷水压力；

7. 冷水回水流量；

8. 旁通电动阀开度；

9. 冷水机组、冷水泵、冷却水泵、冷却塔运行状态显示及故障报警。冷水机组、冷却塔的运行状态信号取自主电路接触器辅助接点；冷水泵、冷却水泵的运行状态采用流量传感器检测（比采用接触器辅助接点可靠性高）；故障报警信号取自冷水机组、冷水泵、冷却水泵、冷却塔电机主电路热继电器的辅助常开接点。

1）冷水机组监控内容

由于空调冷源都自带控制系统，为保证大型设备的操作安全，BAS 中对冷源只进行监测不控制，常见的监测内容如下：

（1）冷却水环路压力的自动控制。为了保证冷水泵流量和冷水机组的水量稳定，通常采用固定供回水压差的办法。当负荷降低时，用水量下降，供水管道压力上升；当供、回水管压差超过限定值时，压差控制器动作，DDC 根据此信号开启分水器与集水器之间连通管上的电动旁通阀，是冷水经旁通阀流回集水器，减小了系统的压差。当压差回到设定值以下时，旁通阀关断。

（2）冷水机组的节能控制。测量冷水机组供、回水温度及回水流量，计算空调实际所需冷负荷，根据冷负荷决定冷水机开启台数。

（3）冷水机组的联锁控制。为保证机组的安全运行，对冷水机组及辅机实施启、停连锁控制。

启动顺序：冷却塔→冷却水泵→冷水泵→冷水机组。

停机顺序：冷水机组→冷水泵→冷却水泵→冷却塔。

2）冷（媒）水系统监控内容

把冷水机组所制冷冻（媒）水经冷水泵送入分水器，由分水器向各空调分区的风机盘管、新风机组或空调机组供水后返回到集水器，经冷水机组循环制冷的冷水环路，称为冷水系统，又称冷媒水系统。冷媒水系统监测与控制的核心任务是：

（1）保证制冷机、蒸发器通过足量的水以使蒸发器正常工作，防止蒸发器冻坏。

（2）向冷（媒）水用户提供足够的水量以满足使用需求。

（3）在满足使用要求的前提下尽可能减少循环水泵电耗。

图 4-5 所示为冷冻站监控系统 DDC 点表，该冷冻站系统由 2 台冷水机组、3 台冷却水泵、2 台冷却塔和 3 台冷水泵组成。监测与控制内容如下。

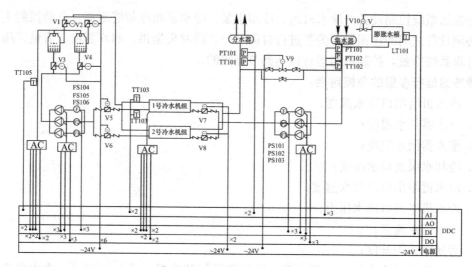

图 4-5 冷冻站监控系统 DDC 点表

（1）监测内容   冷却水供、回水温度，冷水、冷却水供回水管水流开关信号，冷水供、回水压差及回水流量，冷水机组正常运行、故障及手/自动状态。

（2）连锁及保护

a. DDC 连锁启停机组及附属设备。

b. 设备运行台数控制，累计各设备运行时间，实现同组设备的均衡运行。为了延长各设备的使用寿命，通常要求设备的运行累计小时数尽可能相同，因此每次初启动系统时，都应优先启动累计运行小时数最少的设备。同时，当其中某台设备出现故障，自动投入备用设备，同时提示检修。

c. 水泵启动后，通过水流开关监测水流状态，发生断水故障，立刻停机。

d. 设置时间延后和冷量控制上下限范围，防止机组频繁启动。

（3）控制

a. 设备运行台数控制

回水温度控制冷水机组运行台数，适合于冷水机组定出水温度的空调水系统，通常冷水机组的出水温度设定为 7℃，不同的回水温度实际上反映了空调系统不同的需冷量。由于受到传感器精度的限制，回水温度控制的方式控制精度不是很高，为了防止冷水机组启停过于频繁，采用此方式时，一半不能用自动启停方式，而是采用自动检测、人工手动启停的方式。

亦可测量冷（媒）水系统供、回水温度及回水流量，计算空调实际冷负荷，根据冷负荷确定冷水机组启停台数，以达到最佳节能效果。为保证控制的精度，通常将传感器设置在旁通阀的外侧（用户侧）。

b. 根据冷却水回水温度，决定冷却塔风机的运行台数，自动启停冷却塔风机。

c. 测量冷（媒）水系统供、回水总管压差，控制旁通阀开度，维持压差平衡。末端采用二通阀的空调水系统，冷水供、回水总管间必须设置压差控制装置，通常由旁通电动二通阀及压差控制器组成，压差控制器（或压差传感器）的两端接管应尽可能靠近旁通阀两端，并设于水系统中压力较稳定的地点，以减少水流量的波动，提高控制的精确性。

　　需要注意的是，图 4-5 中所示的冷媒水系统中 3 台冷（媒）水泵构成一级泵组，一级泵冷水系统在启动或停止的过程中，冷水机组应与相应的冷水泵、冷却水泵和冷却塔等进行电气联锁。只有当所有附属设备及附件都正常运行工作后，冷水机组才能启动，停止的顺序则相反，冷水机组优先停止再停止相应水循环。如有多台冷水机组并联，且在水管路中泵与机组不是一一对应连接时，如图 4-5 所示，冷水机组冷水和冷却水接管上还应设有电动蝶阀，以使冷水机组与水泵的运行能一一对应进行，此时电动蝶阀也应参加上述联锁。整个联锁启动顺序为：水泵→电动蝶阀→冷水机组，停止时联锁顺序相反。

　　有些冷（媒）水系统除了一级泵组，还可能有克服用户支路及相应管道阻力的二级泵组，除去二级泵组自身的控制，二级泵冷（媒）水系统监控中，冷水机组、初级冷（媒）水泵、冷却泵、冷却塔以及有关电动阀的电气联锁启停程序与一级泵系统完全相同。

　　3）冷却水系统监控内容

　　冷却水是指制冷机的冷凝器和压缩机的冷却用水。通常采用循环冷却系统，冷却水由冷却水泵送入冷冻机进行冷却，然后循环进入冷却塔再对冷却水进行冷却处理，这个冷却水环路称为冷却水系统。冷却水系统的监控作业是：

　　（1）保证冷却塔风机、冷却水泵安全运行。

　　（2）确保制冷剂冷凝器侧有足够的冷却水通过。

　　（3）根据室外气候情况及冷负荷，调整冷却水运行工况，使冷却水温度在要求的设定温度范围内。

　　图 4-6 所示为装有 4 台冷却塔（F1～F4）、2 台冷却水循环泵（P1、P2）的冷却水系统及其监测控制点。冷却水泵根据制冷机启动台数决定他们的运行台数，冷凝器入口处两个电动碟阀（V10、V11）仅进行通断控制，在某台制冷机停止时关闭，以防止冷却水分流，减少正在运行的冷凝器中的冷却水量。冷却塔与冷却水机组通常是电气联锁，冷却塔风机的启停台数，根据制冷机启动台数、室外温湿度、冷却水温度、冷却水泵启停台数来综合确定，一旦进入冷凝器的冷却水进水温度不能保证时，则自动启动冷却塔风机。因此冷却水温度是整个冷却水系统最主要测量参数。

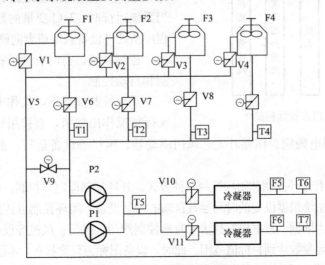

图 4-6　冷却水系统及其测控点

2 台冷凝器出水口处分别设置水温测量点 T6、T7，测得的温度值可确定这两台冷凝器的工作状态，当某台冷凝器由于内部堵塞或管道系统误操作造成冷却水流量过小时会使相应的冷凝器出口水温异常升高，从而发现故障。水流开关 F5、F6 也可以指无水状态，但当水量仅是偏小，并没有完全关断时，水流开关不能给出明确指示，这时可在冷却水系统中安装流量计，测量冷却水的瞬间流量。

在各冷却塔进水管上设置电动蝶阀 V1~V4，用于当冷却塔停止运行时切断水路以防分流，同时可适当调整进入各冷却塔的水量，使其分配均匀，以保证各冷却塔都能得到最大的使用。此阀门的主要功能是开通和关断，对调节的要求并不高，为避免部分冷却塔工作时接水盘溢水，在冷却塔出水管上也同时按照电动蝶阀 V5~V8。

当夜间或春秋季室外气温低，冷却水温度低于制冷剂要求的最低温度时，为了防止冷凝压力过低，应适当打开混水电动阀 V9，使一部分从冷凝器出来的水与从冷却塔回来的水混合，调整进入冷凝器的水温。

4.2.3 空气调节系统监控组态示例

组态软件具有数据采集与控制功能，可以通过硬件驱动程序或 OPC 接口与现场设备通信，完成数据采集和控制任务，该软件还具备图形化的用户接口，具有图形化的用户接口，允许开发者使用图形化的组态方式进行系统配置，并可定义图形对象的动态特性，除此之外，组态软件还提供了安全权限、报警、报警管理等功能。

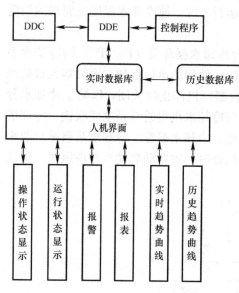

图 4-7 组态设计框架

组态设计主要考虑图 4-7 所示的功能构架，实时数据库是数据处理的核心，为了使现场数据以动画的形式反映在屏幕上，同时工作人员在计算机上发布的指令要迅速的到达控制现场，必须建立实时数据库。实时数据库是联系上位机（监控管理机/组态）和硬件设备（现场控制器/DDC）的桥梁，包含了全部数据变量的当前值。数据库中的变量，包括 I/O 变量和中间变量，这些变量都需要在组态中进行配置和绑定，当系统运行时，I/O 变量的数据通过 I/O 驱动程序从硬件设备获取或者向硬件设备输出。

控制系统运行时有两种控制状态：手动控制和自动控制。

手动控制模式下，操作人员应根据现场的实际情况作出判断，直接用鼠标在组态界面进行点击操作，控制电磁阀、压差开关、风门驱动器、风机等设备运行，此时设备图标均为活动状态。

自动模式下，有开环控制和闭环控制两种方式。开环控制即定时控制，由操作人员根据经验制定控制方案，系统根据设定的时间参数自动的控制设备。闭环控制以传感器检测到的室内温、湿度等信号作为依据，根据控制算法实时地控制阀门、风门、风机等设备，从而使室内的温、湿度、新风量等参数达目标值范围。此时，设备图标为只读状态，不能进行手工操作。

人机界面由操作运行窗口、实时曲线窗口、历史曲线窗口、报警信息窗口、数据报表窗口、参数设置窗口及帮助信息窗口等组成。为了安全、避免误操作，除报警信息窗口外，各窗口均全屏显示。报警信息窗口在报警信息出现时需自动跳出，在界面最前端显示，报警信息未确认或报警信号未解除之前，不允许关闭报警信息窗口。

系统的操作运行窗口显示整个系统的全景画面，如图 4-8 所示，画面中需实时地显示出每个监测点的数据，如温度、湿度、压力、流量等，并以动画的形式模拟显示控制过程中空气流、水流的运行方向，以及阀门、驱动器、风机、水泵等各类设备的运行状态。

实时曲线窗口显示各监测点参数的实时变化趋势曲线，通过该曲线可以形象地观测到各参数的动态变化趋势。历史曲线窗口显示各监测点参数的历史曲线，通过该曲线可以观察到各参数的历史变化规律。如图 4-9 所示。

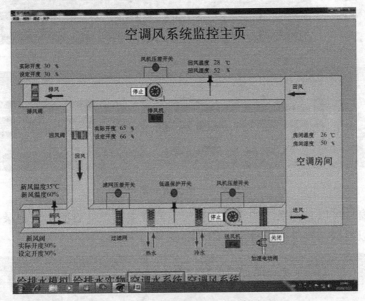

图 4-8　中央空调冷热源系统监控主画面

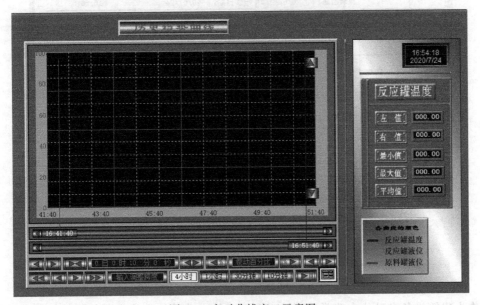

图 4-9　实时曲线窗口示意图

组态软件的报警系统可以处理多种报警信息：模拟量的超限报警、变化率报警、开关量的变位报警等。报警信息窗口既可以实时地显示各类报警信息，还可以对报警历史记录进行查询，此时操作人员可根据窗口提供的信息进行人工干预。如图 4-10 所示。

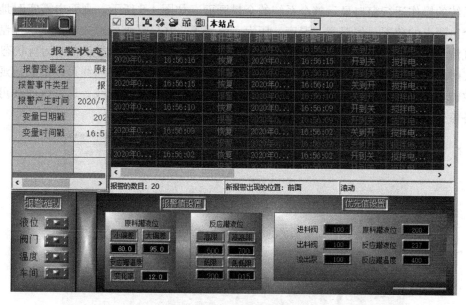

图 4-10　报警信息窗口

数据报表窗口可以查询系统的实时数据报表，或根据条件查阅历史记录并生成历史数据报警，还可以根据需要进行编辑或打印。如图 4-11 所示。

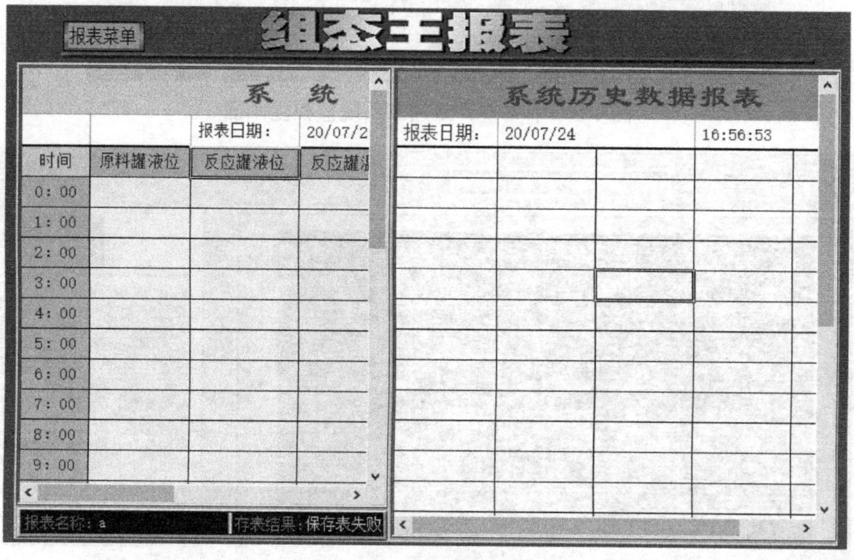

图 4-11　数据报表窗口

4.3　给水排水系统

作为建筑设备自动化中非常重要的一个子系统，建筑给水排水监控系统的主要功能是通过计算机控制对系统中水箱和水池的水位、各类水泵的工作状态以及管网压力进行实时监测，并按照一定的要求控制水泵的运行方式、台数和启动相应阀门动作，以达到需水量和供水量之间的平衡、污水的及时排放，实现水泵高效率、低功耗的优化控制，达到经济运行的目的；并对给水排水系统的设备进行集中管理，保证系统可靠运行。

4.3.1　给水系统监控

1. 给水系统监控内容

建筑给水系统按用途可分为生活给水系统、生产给水系统和消防给水系统三类。不论何种给水系统都是由引入管、计量设备、给水管网、给水附件、升压和出水设备以及配水装置和用水设备等组成的，其需要监控的对象和信号基本相同，主要目的在于保证系统正常工作、设备合理运行，提高水泵运行效率、节约能源。因而，建筑给水监控系统内容大致包括以下几个方面：

1）液位信号的监测。对给水系统来说，所有的水池、水箱等储水设备中的液位是保证系统运行的重要参数。通常设置 4 个液位监测点，分别是启泵液位、停泵液位、溢流报警液位和低限报警液位。

2）压力信号的监测。给水系统的运行状态一般可由压力信号反映出来，压力过高或过低均会影响给水系统的正常运行。压力信号的取样位置通常选在系统中能表征系统运行状态的部位或压力的高低可能对系统运行产生严重影响的部位，例如给水加压泵的出口、减压阀的两端等。

3）流量信号的监测。流量信号一般用于给水系统用水计量。但因流量测量仪器价格昂贵，所以尽管流量是给水系统的重要参数，但选用时仍需慎重。

4）水泵运行状态信号监测。在高层建筑给水系统中通常采用水泵作为升压设备，了解其运行状态，包括水泵的手/自动切换状态，是十分必要的。

5）水泵故障报警信号监测。当水泵出现过载或者过电流时，及时启动报警动作。

2. 建筑给水系统的监控

建筑内给水应尽量利用城市给水管网的水压直接供水，这样既经济又卫生，但直接供水通常只能达到 15~18m 的建筑高度。现代建筑多为高层，城市供水管网的供水压力显然无法满足整栋建筑的供水要求，一般只能满足较低楼层的用水需要，而对于较高的楼层则需要采取一定措施提高供水压力。高层建筑给水系统的形式主要有以下几种：高位水箱给水系统、气压给水系统及变频调速恒压给水系统。以下就这三种形式为例分别说明建筑给水系统的监控。

1）高位水箱给水系统监控

当前国内高层建筑给水系统中，采用高位水箱给水系统较为普遍。通常根据建筑物的性质、功能、用水设备的性能、维修管理条件等因素，结合建筑高度及层数对建筑物进行纵向分区，将建筑给水系统在垂直方向分成若干个供水区。为了充分利用外网水压，一般低区可直接采用城市管网直接供水，中区及高区采用蓄水池、水泵和水箱的供水方式。某高位水箱给水系统监控原理如图 4-12 所示，低区用户由城市管网直接供水，而对于高区及中区用户来说，给水系统由设置在低处（地下室）的蓄水池取水，通过水泵把水注入高区水箱及中区水箱，再从高区水箱及中区水箱靠其自然压力将水送到各用水点。给水系统的监控功能如下：

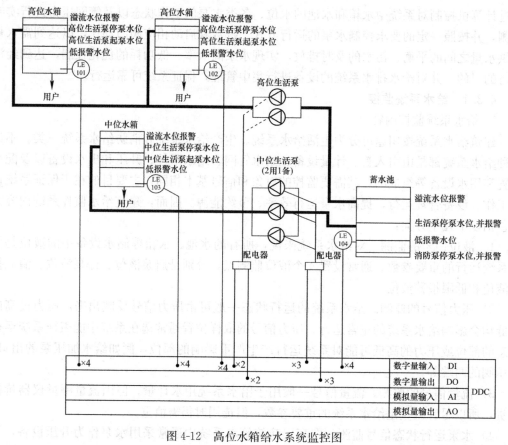

图 4-12　高位水箱给水系统监控图

（1）水泵的启停控制。各水箱和蓄水池内都设有 4 个水位信号。高中区水箱的 4 个水位信号分别是低报警水位、生活泵起泵水位、生活泵停泵水位和溢流水位；蓄水池的 4 个水位信号分别是消防泵停泵水位、生活泵停泵水位、低报警水位和溢流水位。这些水位信号通过 DI 通道送入现场 DDC，DDC 通过一路 DO 通道接到配电箱上控制水泵的启停。系统开始运行后，控制系统对高、中区水箱和蓄水池的水位进行监测，当测得水箱液位降低到生活泵启泵水位时，该信号由现场的 DDC 控制器进行判断后，通过 DO 通道自动启动水泵运行；当水箱水位达到上限水位或蓄水池水位到达停泵水位时，该水位信号又通过 DDC 判断后发出停止生活水泵信号。

（2）自动监测与报警。高、中区水箱还设有溢流水位及低报警水位信号，当水箱水位到达溢流水位时，说明水泵在水箱水位到达上限时没有停止，此时溢流水位发出报警信号送到 DDC 报警，并提示值班人员注意，做相应紧急处理。当水箱水位到达低报警水位时，说明水泵在水箱水位到达下限时没有开启，此时低报警水位发出报警信号送到 DDC 报警，并提示值班人员注意，做相应紧急处理。蓄水池的下限水位并不意味着蓄水池无水，而是为了保障消防用水，蓄水池必须留有一定的消防用水量。当发生火灾时，消防水泵启动，抽取这部分水，如果蓄水池液面达到消防泵停泵水位，则信号送入 DDC，DDC 输出信号自动控制消防泵停止运行并向系统报警。

高、中区生活泵均为一用一备，在给水泵出水干管上装设流量计或水流开关，水流信号通过 AI 或 DI 通道进入现场 DDC，以监视给水系统的运行状况。现场 DDC 对水泵的运行状态或故障状态信号实时监视，当一台水泵出现故障时，信号送入 DDC 中，系统自动报警，且另一台水泵接收 DDC 指令，自动投入运行，并自动显示启/停状态。

（3）水泵运行时间和用电量统计。系统对水泵运行时间及累计运行时间进行记录，为给水监控系统定期检修提供依据，并根据每台泵的运行时间，自动将其在运行泵和备用泵之间进行切换。

2）气压给水系统监控

气压给水系统是通过设置的气压给水设备，利用气压水罐内气体的可压缩性，升压供水。气压水罐可根据需要设置在建筑物顶层或者底层，其作用相当于高位水箱，当给水压力不满足室内供水要求且不宜设置高位水箱时可采用。

（1）空气压缩机补气式气压给水系统

在补气式气压给水设备中，空气与水在气压水罐中直接接触。在设备运行时，由于部分空气溶于水中，造成罐内压力下降，需设补气调压装置。利用空气压缩机的气压给水监控系统如图 4-13 所示，系统由气压水罐、空气压缩机、控制器、水泵、液位传感器、压力传感器等组成。空气压缩机的工作压力应为气压水罐内工作压力的 1.2 倍，空气压缩机的排气量应根据气压水罐的总容量决定。

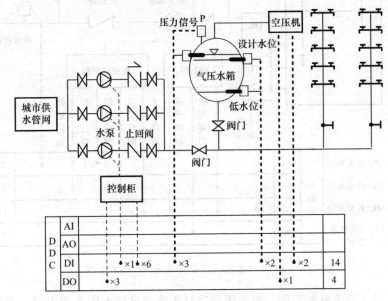

图 4-13　利用空气压缩机的气压给水系统监控图

（2）隔膜式气压给水系统

隔膜式气压水罐目前广泛应用于中央空调、热水器、锅炉、恒压供水设备中，其具有缓冲系统压力波动、消除水锤并稳压降荷的作用。在系统内水压轻微变化时，气压罐内气囊的自动膨胀收缩会对水压变化起到一定的缓冲作用，可以不用空气压缩机充气，既可节省电能又能防止空气污染水质，有利于环境卫生。

3）变频调速恒压给水系统监控

随着高层建筑的增多，各种恒压供水系统不断出现，变频调速恒压给水系统就是为了满足人们供水要求而出现的一种新型供水方式。其最大的特点是取消了高位水箱，并采用变频调速技术，实现建筑内的恒压供水和水泵的节能控制。

变频调速恒压给水既能保证所需的供水压力、流量，又可节能、节省建筑面积，保证供水水质，具有明显的优点。典型的变频调速恒压给水系统由储水池的水位监测传感器、水泵机组、变频器、压力传感器和控制器等组成，系统采用压力负反馈闭环控制方式。在水泵出水口干管上设压力传感器检测管网压力，由 AI 通道送入现场 DDC 与设定值进行比较，其差值经过运算后输出控制信号 AO 控制变频器的输出频率变化，从而改变水泵的转速，使水泵出口压力维持在设定范围内，达到恒压供水的目的。

由多台水泵组成变频调速恒压给水系统如图 4-14 所示，其中两台水泵为直接工频启动，一台水泵采用变频调速控制方式。正常运行时，只有一台水泵工作于变频调速状态，其余水泵处于工频工作状态或者停机。

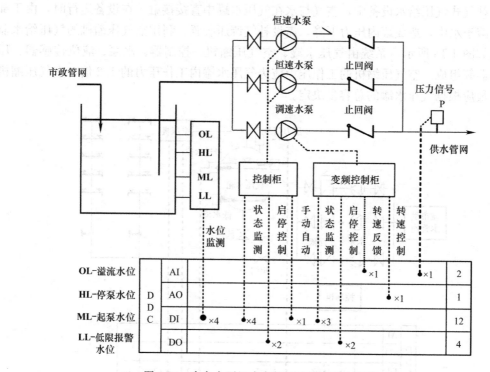

		水位监测	状态监测	启停控制	手动自动	状态监测	启停控制	转速反馈	转速控制	
OL-溢流水位	AI							×1	×1	2
HL-停泵水位	DDC AO								×1	1
ML-起泵水位	DI	×4	×4	×1		×3				12
LL-低限报警水位	DO			×2			×2			4

图 4-14　多台水泵组成变频调速恒压给水系统

系统运行时，变频泵先工作，当变频调速泵不能满足供水压力要求时，直接启动恒速泵，同时变频泵输出频率降低，控制器根据检测的供水压力调节变频泵输出；反之，当压力高于设定值时，先降低调速泵的转速，当调速泵转速低于一定频率时，检测的供水压力若仍高于设定值，则关闭一台恒速泵，通过调节变频泵以使得给水系统压力保持在设定值范围内。

4.3.2　排水系统监控

1）排水系统监控内容

建筑排水系统的任务是通过管道及辅助设备，将屋面雨雪水、生活和生产活动中产生的污废水由集水坑或污水池集中，并及时排放到城市污水管网中去。通常建筑集水井

（坑）一般都低于城市排水管网标高，无法通过重力排除污废水，故先将污水集中收集于集水井中，然后由排污泵将污水提升，排至室外排水管或水处理池中。因而，建筑排水监控系统内容大致包括以下几个方面。

（1）污水处理池、污废水集水井的高低液位监测。

（2）水泵运行状态监测：监测水泵的启停及有关压力、流量等参数。

（3）水泵过载报警：监视水泵的运行状态，当水泵出现过载时停机并发出报警信号。

2）建筑排水系统的监控

排水系统一般由集水井、排水泵、现场控制器 DDC 以及液位传感器等构成，其监控原理如图 4-15 所示。集水井设 3 个液位传感器，分别是下限水位（停泵水位）、上限水位（启泵水位）和高限水位（报警水位）。监控系统根据集水井液位变化控制工作泵的启停，液位信号送入 DDC，当集水井中液位到达上限水位时，控制器启动排水泵运行，直到液位下降到下限水位时停止排水泵运行。当污水流量较大，液位到达报警液位时，备用水泵投入运行。

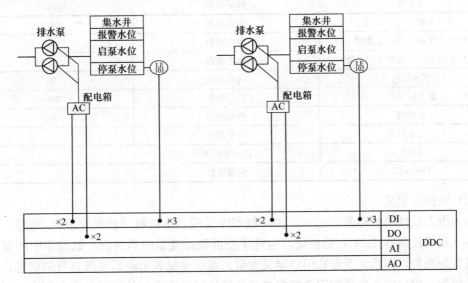

图 4-15　排水系统监控原理图

系统设有两台排水泵，正常情况下一用一备，由 DDC 进行控制，以保证排水安全可靠。集水井有三种液位，液位由液位传感器把信息传递给直接数字控制器（DDC），实现排水自动控制。

（1）集水井中液位低于下限水位（停泵水位），液位传感器把信号送给 DDC，DDC 把信号送至工作泵，工作泵立即自动停止运行，排水过程结束。

（2）集水井中液位超过上限水位（启泵水位），液位传感器把信号送给 DDC，DDC 再把信号送给工作泵，工作泵启动，启动一台水泵，实现排水功能。

（3）集水井中液位超过高限水位（报警水位），液位传感器把信号送给 DDC，DDC 再把信号送给备用泵，备用泵立即自动启动投入运行，同时监控系统发出报警信号，提醒值班人员注意。

（4）排水泵运行时间累计与用电量累计。排水泵运行时间累计为物业定时维修提供依据，并根据每台泵的运行时间自动确定作为工作泵或者备用泵。

4.3.3 建筑给水系统监控组态示例

1）建筑给水工程项目简介

本节以一栋五层建筑的水泵给水系统为例，说明其监控系统的组态过程。该给水系统由一台水泵从蓄水池抽水给建筑物内的用户供水，当建筑物内有用户用水时，开启生活水泵从蓄水池内抽水，随着蓄水池水位的下降，或者用水的用户增多，供水管压力会下降。当所有用户关闭用水，或者蓄水池水位降低到设定低水位，蓄水池阀打开，蓄水池水管开始进水，直至满水后蓄水池关闭。

2）系统硬件分析及定义数据库

（1）数据字典设计

首先新建一个工程并打开，然后在数据字典中新建以下 21 个变量，如表 4-1 所示。

给水系统变量定义　　　　　　　　　　　表 4-1

变量名	数据类型	初始值
用户 1 阀～用户 5 阀	内存离散	关
用户 1 费用～用户 5 费用	内存整数	0
用户 1 用水量～用户 5 用水量	内存整数	0
蓄水池阀	内存离散	关
蓄水池水位	内存整数	300
水泵阀	内存离散	关
供水管压力	内存实数	0
日期	内存字符串	
DeviceID	内存整数	

（2）数据库定义

作为组态软件的核心部分之一，实时数据库是联系上位机（监控管理机/组态）和硬件设备（现场控制器/DDC）的桥梁，包含了全部数据变量的当前值。数据库中的变量主要可以分为两类，即系统变量和用户定义变量。系统变量表示的是系统自身的状态，如时间、日期等；用户定义变量即用户根据自己的设计需求所设定的变量。在本例中，用户的用水量以及水费数据均需定义并保存到数据库中。

3）图形窗口的创建

进入开发模式，新建"建筑供水系统"画面及主界面设计，如图 4-16 所示。

（1）建筑供水系统界面设计

在工程浏览器中建立新画面，从图库中选择合适的图库精灵并建立好动画连接，创建如图 4-17 所示的建筑供水系统画面。主监控界面以图形的形式显示出建筑供水系统各监控点的数据，画面中可以实时显示所有用户的用水量、蓄水池水位以及供水管网压力等信息。

（2）保存与查询界面设计

保存与查询界面可以选择想要查看的参数，包括各层用户的用水量及费用。选择查询量后相应的参数就会显示在界面上，并可以通过界面下方的操作框选择查看日期及范围等。点击"返回"按钮后，返回监控主界面。

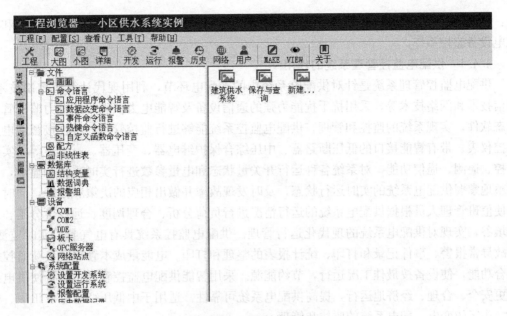

图 4-16　工程浏览器窗口

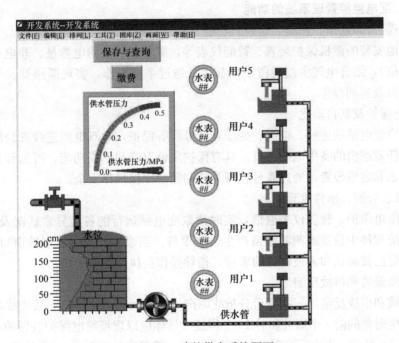

图 4-17　建筑供水系统画面

4.4　供配电系统

供配电系统用于用户端供、配电系统运行状态监视和控制管理，对用户配电网络和电气设备提供不间断保护、监视、控制，提高用户供电可靠性，提高用户供配电系统的自动化水平，实现可靠、安全、高效的配电、用电。供配电系统主要从以下四个方面进行介绍：供配电监控管理系统的作用、配电监控管理系统的功能、配电监控管理系统组成和供配电设备监控系统。

4.4.1　供配电监控管理系统的作用

供配电监控管理系统是针对供配电系统中的变配电环节，利用现代计算机控制技术、通信技术和网络技术等，采用抗干扰能力强的通信设备及智能电力仪表，经电力监控管理组态软件，实现系统的监控和管理。供配电监控系统能够进行监控管理，可连接智能电力监控仪表、带有智能接口的低压断路器、中压综合保护继电器、变压器、直流屏等，实现遥控、遥测、遥信功能，对系统各种运行开关量状态和电量参数进行实时采集和显示，可完整地掌握供配电系统的实时运行状态，及时发现故障并做出相应的决策和处理，同时可以使值班管理人员根据供配电系统的运行情况进行负荷分析、合理调度、远控合分闸、躲峰填谷，实现对供配电系统的现代化运行管理。供配电监控系统具有电气参数实时监测、事故异常报警、事件记录和打印、统计报表的整理和打印、电能量成本管理和负荷监控等综合功能，使设备按最佳工况运行，节约能源。采用智能供配电监控管理系统，使供电系统更安全、合理、经济地运行，提高供配电系统可靠性。适用于中低压变电站、工厂、楼宇、小区的变电、配电系统的监控和管理。

4.4.2　配电监控管理系统的功能

1）"三遥"（即遥信、遥测、遥控）功能

利用就地安装的微机保护装置、智能仪表等，采集各回路的电参量、非电量及开关状态量（分合位），结合电气主接线图予以显示，通过系统操作，实现断路器、开关的远程分合闸控制以及遥调操作。

2）继电保护及其自动化

实现用户变电站的进线、馈线、变压器及母联等保护，对双电源进线或分段供电的用户，可实现任意逻辑的备用电源自投。具有保护定值召唤和下载功能，可远程显示保护功能的投退状态和定值设置，通过账号权限管理和密码确保操作安全。

3）故障、告警、事件管理

系统与继电保护、智能仪表通信，实时读取变电站运行的各类异常状况及参数记录，也可以在系统软件中设置遥测越限值产生告警事件。当事件发生时，事件窗口自动弹出，并用颜色区分已被确认和未被确认的事件，指导操作员执行规定操作。

（1）故障录波和事故反演

故障录波和事故反演用于故障后分析故障产生的原因和责任认定。系统故障录波可实现对故障发生时刻的前4个周波和后10个周波（具体应以现场继电保护装置的实际功能为准）予以记录并显示。事故反演则是在事故发生后，重放事故前1min和事故后5min的系统重要参数，准确直观地进行事故分析，查找供电系统隐患，快速定位故障，及时恢复供电。

（2）统计报表、图表分析

提供灵活的报表生成工具，统计参量包括电流、电压、功率、电度等，可自动生成时报表、日报表、周报表、月报表、季报表、年报表。同时，可将指定参量的历时数据、比对数据以棒图、曲线图、饼图等形式展现，一目了然，为电气节能改造提供依据。

（3）数据转发和访问

配电系统可作为前端子系统，通过传感器（智能仪表、装置）采集现场运行数据，根据需求通过网络转发给其他软件系统，如建筑能耗分析系统、BA 系统、集中运维管理系统等，支持 MODBUS-TCP、以太网 103 等通信规约。系统软件可分布式安装，支持局域网客户端访问或 WEB 浏览。

（4）变电站视频集成

对远离监控值班室的用户分变电所，通过软件的视频集成功能，发生紧急状况或对开关实施遥控时，系统软件可将现场画面及时传输至监控室。视频集成可大幅提高操作员的工作效率，减少往返时间，特别适合商业广场、高校、超高层建筑等供电范围较大的场合，如图 4-18 所示。

图 4-18　视频集成示意图

（5）变电站远程维护

智能配电系统的自动化功能帮助专业电工提高运维工作效率，降低成本支出。同时，系统也可以与集中运维平台连接，实现变电站的远程运维（代维代运），如图 4-19 所示。

图 4-19　远程监控图

（6）人机操作界面

系统提供简单、易用、良好的用户使用界面。可按照配电所显示配电系统设备状态及相应实时运行参数。

（7）历史记录与趋势分析

系统收集各监测控制与管理装置的实时数据并存储在一个开放式数据库中予以保存，系统可保存长时段（多年）的历史记录。系统可以设定文件格式，随时调用和打印上述历史数据。根据历史数据记录可进行各参数的年度、月度、日变化和实时数据趋势分析，进行分类和综合比较分析，为业务流程优化和设备设施使用优化提供依据。

（8）系统安全

本系统软件设置多达几百种密码分区和密级设置，为系统管理员、工程师、值长、一般值班操作人员等提供分级密码，并对所有操作自动进行带时标事件记录，执行良好的反事故措施。

（9）WEB 发布功能

通过局域网将中控室中控主机信息进行 WEB 发布，可实现多个管理者同时看到监控主机上的界面，同时根据用户的权限可进行数据的监控、采集、输入等功能。生产部门可以远程输入机器产量，从而在系统中自动计算出单位能耗。

4.4.3 配电监控管理系统组成

供配电监控管理系统以 Windows NT/XP 作为操作系统，以大型商用数据库 SQL Server 为基础，采用客户/服务器模式及分布式处理等技术，实现智能装置的遥测、遥信、遥控、遥调、遥脉等功能。兼容 TCP/IP、IEC60870-5-103、MODBUS-RTU、SPABUS、LONWORK、CANBUS、PROFIBUS 等通信规约。供配电监控系统按结构和功能可分为三个层次：站控管理层、网络通信层、现场设备层。各网络多功能仪表通过屏蔽双绞线 RS485 接口，采用 MODBUS 通信协议总线型连接接入通信服务器，然后通过五类线 TCP/IP 协议进入工业交换机，然后通过光缆到达监控主机，如图 4-20 所示。

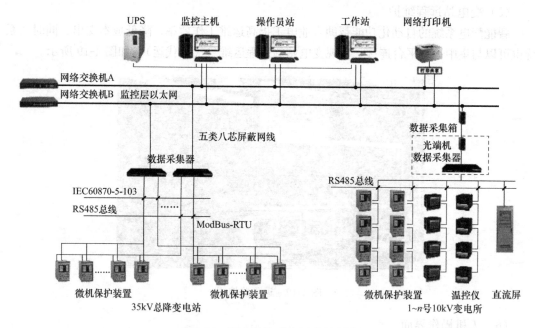

图 4-20　配电监控系统组成示意图

组网方式：

配电监控系统组网方式灵活，支持星形单机单网（图 4-21）、星形双机双网（图 4-22）、光纤环网（图 4-23）。星形单机单网适用于系统设备数少、规模小，值班室或监控中心距离高低压室比较近，可靠性要求一般的项目；环形光纤双机单网适合可靠性要求较高、分站之间要求相互影响较小、可扩展性要求一般的项目；星形光纤双机双网适合可靠性要求很高、分站之间要求相互影响小、可扩展性要求很高的项目。

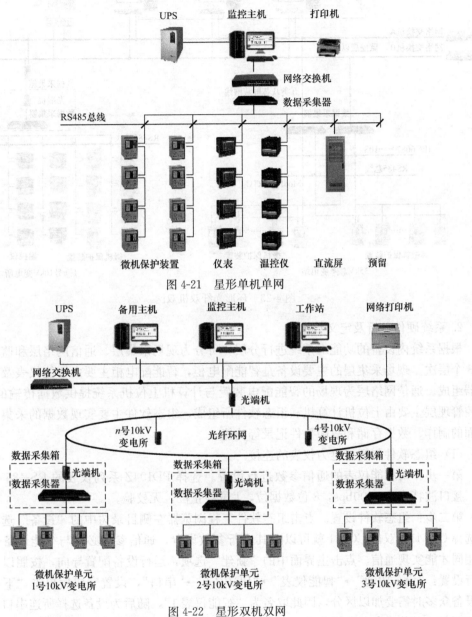

图 4-21　星形单机单网

图 4-22　星形双机双网

4.4.4　供配电监控系统组态示例

1. 供配电监控系统项目简介

一栋写字楼设计供配电监控系统，配电室位于建筑楼内一层，电源为两路 10kV 电源，采用两端供电方式，两路电源互为热备用。主线路采用单母线分段接线方式，联结两端母线的断路器称为母联断路器。正常运行情况下两侧电源都投入运行，各自承担一半负载，此时母联断路器断开；当有一路电源出现故障而停止工作时，母联断路器由断开转为闭合状态，由未故障一侧电源来承担系统的全部负荷。

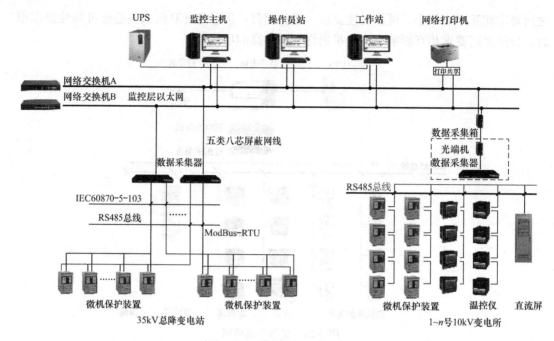

图 4-23　环形光纤双机双网

2. 系统硬件分析及定义数据库

根据系统内设备的功能对系统进行分层，可分为现场采集层、通信网络层和监控管理层 3 个层次。现场采集层的主要设备是智能配电柜，智能配电柜主要由智能仪表及各种传感器组成。通信网络层为现场的智能配电装置与计算机上位机系统提供数据传输的通道。监控管理层主要由上位机计算机和组态软件所组成，组态软件主要实现数据的采集、用户界面的制作、数据存储和故障事件记录等功能。

（1）组态软件与智能电力仪表的连接

第一步：对智能仪表的通信参数进行设置。选择 PD194Z 系列仪表的 RS-485 通信接口，接口波特率为 9600bps，8 位数据位，1 位停止位，无校验。

第二步：组态软件设置。点击组态软件工程浏览器左侧目录树中的"设备"选项，然后选择 COM1，双击 COM1 就可以对其进行参数设置，通信参数必须与智能设备通信参数相同才能实现通信。点击主界面中的"新建"选项，运行设备配置导向，按照以下步骤进行设置："设备驱动"→"智能仪表"→"PD194Z"→"串口"，设置完成后单击"下一步"，当设备众多时需要加以区分，因此取名为"智能仪表 1"，随后为设备选择所连串口的标号为 COM1，并将设备地址设为 1。

第三步：系统画面的设计与制作。在定义数据库变量时，选择 I/O 变量，并选择连接设备为"智能仪表 1"，并选择相应的寄存器，就可以实现组态软件与智能仪表的数据交换了。

（2）数据库定义

数据库中的变量主要可以分为两类，即系统变量和用户定义变量。系统变量表示的是系统本身的状态如时间、日期等；用户定义变量即用户根据自己的设计需求所设定的变量，用户定义变量的当前值被存入数据库中。

3. 图形窗口的创建

系统登录进入开发模式,新建"供配电系统"画面及主界面设计。如图 4-24 所示。

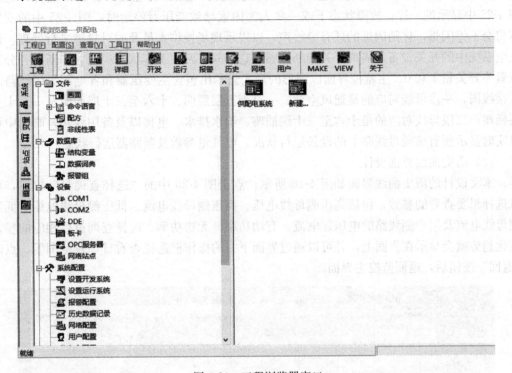

图 4-24 工程浏览器窗口

(1)供配电系统界面设计

在工程浏览器中建立新画面,从图库中选择合适的图库精灵并建立好动画连接,创建如图 4-25 所示的供配电系统画面。

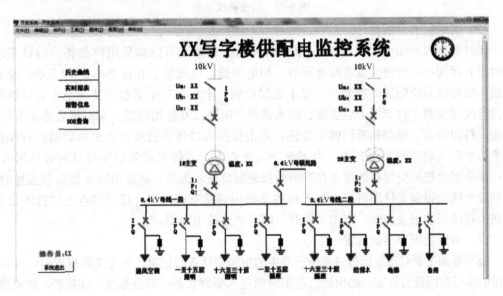

图 4-25 供配电系统主界面

主界面的接线图中包含 1.0kV 和 0.4kV 两个电压等级的线路,两侧线路用不同的颜色区别开来,1.0kV 测线路为黄色 0.4kV 测线路为褐色。2 台主变压器正常运行时就跟图 4-25 中显示的一样;故障状态下或一些人为因素导致变压器停运时,图 4-25 中的变压器将会不停闪烁,伴随闪烁的还有警报声,以提示现场操作人员及时对故障进行处理。供配电系统中的开关设备如隔离开关和断路器,它们只有两种工作状态:闭合和断开,分别设置为开关量 1 和 0。主监控界面以图形的形式显示出包含主变压器和各电压等级线路的主接线图,一段母线对应的是通风空调、一至十五层照明、十六至三十层照明及一至十五层插座;二段母线对应的是十六至三十层插座、给水排水、电梯以及备用线路,画面中可以实时显示所有该段母线路上的设备运行状况、电气量参数及断路器运行状态。

(2) 历史曲线界面设计

本文设计的历史曲线界面如图 4-26 所示。点击图 4-26 中的"选择查询量"按钮,可以选择想要查看的参数,包括高压侧母线电压、高压侧母线电流、低压侧母线电压、低压侧母线电流及用户侧线路的电压、电流、有功功率、无功功率。选择查询量后相应的参数变化趋势就会显示在界面上,并可以通过界面下方的操作框选择查看日期及范围等。点击"返回"按钮后,返回监控主界面。

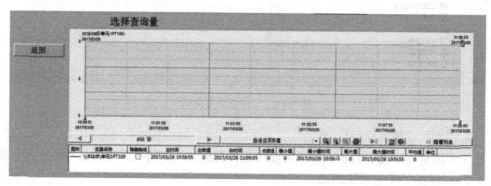

图 4-26　历史曲线界面

(3) 实时报表界面设计

实时报表界面如图 4-27 所示。组态软件的报表系统可以满足用户的各种设计需求。实时报表界面可以方便的查看线电压值、相电压值、电流值、有功功率 P 和无功功率 Q。包括一段母线对应的通风空调、一至十五层照明、十六至三十层照明及一至十五层插座;二段母线对应的十六至三十层插座、给水排水、电梯以及备用线路。实时报表界面有插入报表、打印报表、保存和返回四个按钮,点击保存可以将当前报表界面的数据进行保存,报表将会存入响应的文件夹中,为了便于历史查看,文件名通常以年月日时分的形式命名;如果想要把历史保存的报表在当前的报表窗口显示出来,则点击插入报表并选择响应日期及时间的报表文件即可;如果上位机系统中连接有打印机,还可以点击"打印报表"按钮来打印当前报表界面,点击"返回"则返回监控主界面。

(4) 事件及报警界面设置

报警界面主要对系统运行过程中所发生的报警事件进行记录。在定义数据库时,可以对变量的运行范围进行设定,超出运行范围时则进入报警状态,就会触发一次报警,此时报警窗口会自动弹出并记录下相应的报警信息,如事件日期、事件时间、报警类型、变量名等信息。

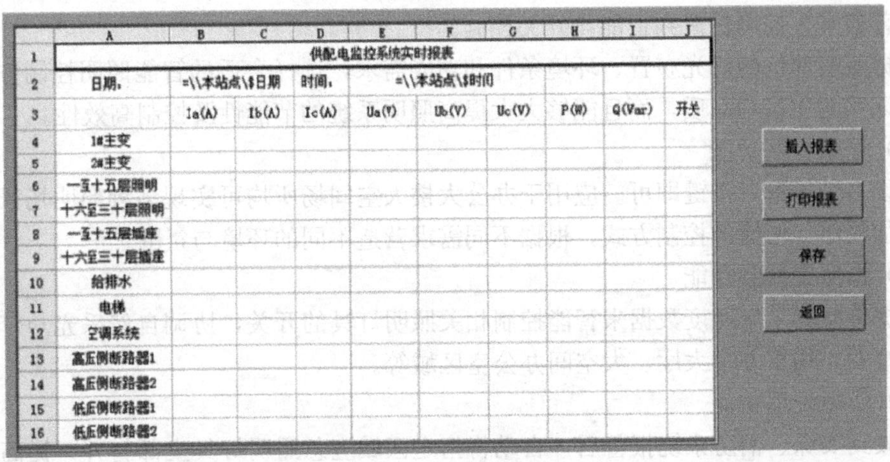

图 4-27　实时报表界面

4.5　照　明　系　统

　　照明系统作为智能建筑建设中的一个重要组成部分，体现了低碳、绿色和以人为本的思想及理念。与传统的照明模式相比，智能照明系统更加体现在智能上：首先，根据不同的场景区域设定不同的监控和管理策略，提供不同的照明模式和亮度，与此同时能够充分利用自然光，调节灯具的合适亮度，达到节约能量的目的。其次，提供方便的管理平台，提供对灯具进行区域范围内的监控，比如设定区域内的监控策略、查看灯具的工作状态、设定工作计划等。再次，充分发挥网络技术的优势，包括有线和无线网络，使其管理更加的智能和高效。最后，通过集成和开发接口，实现与智能建筑内其他系统的组网和整合，更加体现楼宇的智能性。

　　在智能建筑快速发展的大背景下，智能建筑照明远程控制系统的优势有以下几点。

　　1）人性化设计，系统设计多种报警信息。设施有故障出现会有报警信息回馈用户具体故障原因，缩短了维修时间。

　　2）节省能耗，设施的自动化控制使得电器和照明等设备预先进行定时，使其进行自控，当到达预定时间自己将进行打开或者关闭操作。与此同时，设备的信息可以实时被用户获取，使操作者可以随时掌握系统的信息数据，从而实现对每个设备的控制。

　　3）节约人力资源。智能系统的实现，避免了人力通过巡视的方式对硬件设备进行操作，节约了设备管理所带来的人力资源。

　　因此，设计并实现一套完整的智能建筑照明控制系统，可以满足用户对照明的多样化需求，同时也保护用户的用眼健康。

4.5.1　智能照明控制系统

　　智能照明系统，通常讲就是利用现代的计算机技术、网络通信技术、自动控制技术、微电子技术等科学技术，实现可根据环境变化、客观要求、用户预定需求等条件而自动采集系统中的各种信息，并可对所采集的信息进行相应的逻辑分析、推理、判断，对结果按特定的形式进行存储、显示、传输以及反馈控制等处理以达到最佳的控制效果的一种智能照明控制系统。

　　一般情况下，智能照明控制系统可以根据环境中某一区域的功能，在每天的不同的时间段内，根据室内的光亮度或是该区域的不同的用途来自动控制照明，使灯光控制可以从传统的普通开关控制过渡到智能化开关控制。

依据照明部位的灯光布置、环境条件和功能需求，选择合适的智能照明控制方式，不仅能保证照明质量和品质，而且能够大大提高照明系统的节能性及控制高效性。

（1）场景控制功能

预设多种场景，按键即可。应用于办公大楼大空间场所均可实现多种照明场景，带给用户更加简单、便捷的控制方式，根据不同需求营造不同的环境与氛围。

（2）恒照度控制功能

根据传感器采集照度数据来智能控制相关照明灯具的开关，协调自然采光与灯光，避免电能浪费，用于办事大厅、大空间办公室区域等。

（3）应急处理功能

接收到安保、消防系统报警后，自动将指定区域应急照明灯具全部打开，提高紧急情况下照明的及时性。

（4）定时控制功能

（5）就地手动控制功能

（6）群组组合控制

（7）远程控制

（8）图示化监控

（9）日程计划安排

综上功能，在不同建筑物智能照明设计中，使日程控制方式更加灵活和人性化。

走廊等公共区域以及办公间内靠窗的照明回路附近加装照度感应传感器，充分利用自然光，保障照度，避免误亮，满足节能需求。

会议室安装无线接收器，根据会议使用的不同需求将被控回路编成演讲、讨论、屏幕放映等不同模式，通过无线遥控器，实现会议灯光效果一键控制。

区分车库使用频率情况采用不同控制方式，高峰期开启车库全部照明，以方便车辆进出、寻找车位。

4.5.2 智能照明控制系统组态案例

1）智能照明控制系统简介

照明监控系统模拟某楼宇某层的照明系统布置及其监控状况，包括房间照明、厅堂照明、走廊照明等正常照明和事故照明。

功能要求：

（1）房间照明灯具、会议室照明灯具、走廊照明灯具和事故照明灯具分别采用不同的图元形状加以区别。

（2）点击"开灯"按钮，所有正常照明打开，点击"关灯"按钮，所有正常照明关闭。

（3）预设置"早晨""下午""夜晚"3种灯光场景，利用按钮分别实现灯光场景的控制。"早晨"模式下，要求内部房间灯打开；"下午"模式下，内走廊灯打开；"夜晚"模式下，所有正常照明全部打开。

（4）设置"火灾模拟"按钮，点击按钮模拟火灾发生时的照明系统设置，要求所有正常照明关闭，事故照明启动，指引人员逃生；同时弹出报警界面要求显示火灾报警的信息，火灾报警结束要求关闭报警窗口。

第 4 章　建筑设备管理系统

（5）利用模拟的调光控制按钮控制厅堂照明的灯具颜色变化，实现彩光照明。

（6）工程进入运行状态时要求直接进入照明监控系统登录窗口。

2）系统硬件分析及定义数据库

（1）工程建立

启动组态软件工程管理器（ProjManager），点击菜单栏的"文件\新建工程"或者直接单击"新建"按钮，弹出"向导 1"界面，如图 4-28 所示。

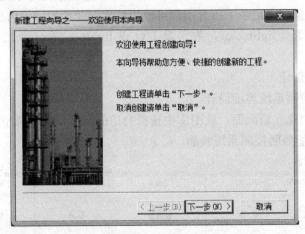

图 4-28　新建工程

（2）定义 I/O 设备

组态软件把那些需要与之交换数据的设备或程序都作为外部设备。外部设备包括：下位机（PLC、仪表、模块、板卡、变频器等），它们一般通过串行口和上位机交换数据；其他 Windows 应用程序，它们之间一般通过 DDE 交换数据；外部设备还包括网络上的其他计算机。

只有在定义了外部设备之后，组态软件才能通过 I/O 变量和它们交换数据。为方便定义外部设备，组态软件设计了"设备配置向导"引导用户逐步完成设备的连接。

本例中使用仿真 PLC 和组态软件通信，仿真 PLC 可以模拟 PLC 为组态软件提供数据，假设仿真 PLC 连接在计算机的 COM1 口，如图 4-29 所示。

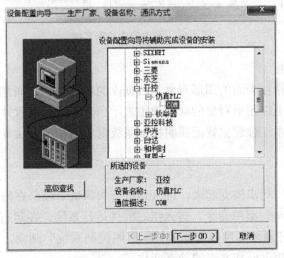

图 4-29　建立 I/O 设备连接

061

（3）数据库建点

数据库是组态软件的核心部分，工业现场的生产状况要以动画的形式反映在屏幕上，操作者在计算机前发布的指令也要迅速送达生产现场，所有这一切都是以实时数据库为中介环节，所以说数据库是联系上位机和下位机的桥梁。在 TouchView 运行时，它含有全部数据变量的当前值。变量在画面制作系统组态软件画面开发系统中定义，定义时要指定变量名和变量类型，某些类型的变量还需要一些附加信息。数据库中变量的集合形象地称为"数据词典"，数据词典记录了所有用户可使用的数据变量的详细信息。

定义模拟量 I/O 点 lightcolor，数字量 I/O 点 lighton、morning、afternoon、night、fireon 等。

3）图形窗口的创建

（1）智能照明控制系统界面设计

在工程浏览器中建立新画面，从图库中选择合适的图库精灵并建立好动画连接，创建如图 4-30 所示的智能照明控制系统画面。

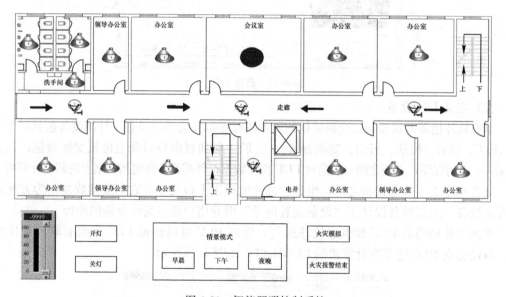

图 4-30　智能照明控制系统

（2）建立动画连接

定义动画连接是指在画面的图形对象与数据库的数据变量之间建立一种关系，当变量的值改变时，在画面上以图形对象的动画效果表示出来；或者由软件使用者通过图形对象改变数据变量的值。本工程建立智能照明控制系统窗口的动画连接并对会议室调光灯游标数据绑定。

（3）运行和调试

组态软件工程已经初步建立起来，进入到运行和调试阶段。在组态软件开发系统中选择"文件\切换到 View"菜单命令，进入组态软件运行系统。在运行系统中选择"画面\打开"命令，从"打开画面"窗口选择"智能照明控制系统"画面。显示出组态软件运行系统画面，即可看到矩形框和文本的动态变化。

4.6　电梯系统

4.6.1　电梯监控系统

电梯的安全运行，一方面要靠电梯本身的制造和安装质量，另一方面，最重要的是运行过程中及时高效的维修养护工作。电梯维修和日常保养工作是保证电梯安全可靠运行最直接、最有效的方法。电梯维修保养有两方面的含义，一是在电梯正常运行过程中对设备各部位进行周期性检测、检查、调整、更新和润滑等工作，以保持和提高电梯的运行质量、安全性能，并延长使用寿命；二是在电梯发生故障时要及时发现和排除，及时并合理地解救电梯内的被困人员。

要实现对电梯及时高效的维修养护工作，除了要具备专业技能和严格的管理制度外，更应该实时掌握电梯的运行状况和设备各部位的运转情况，保养工作才能具有更强的针对性，故障维修工作才能更加准确快捷。这一点对于提高电梯的运行质量，保证对电梯的运行安全起着至关重要的作用。实时运行情况的掌握，传统的做法是靠人工手段进行，即进行周期性的巡回检查工作。而人工的巡回检查的工作质量与巡检人员的技术水平、工作责任心、巡检周期等诸多因素有着密切的关系，往往达不到预期的效果。为此，2004年后各电梯生产厂及电梯主板生产厂纷纷推出了带有电梯运行实时状态查询接口的控制系统，应用于不同型号的电梯。有的还附带了相应的处理设备和接口设备，能够十分方便地形成电梯信号数据采集、传输网络，并在终端进行处理，能在远程终端实时查询电梯各重要信号状态和运行状态，查询电梯故障历史和故障属性，实现电梯故障和安全隐患的报警预警，极大地提高了电梯安全性能，对于电梯的维修和保养工作起到了现实指导作用。

1）电梯监控系统组成

一般的电梯监控系统包括数据采集、信号转换、信号分析与处理、状态显示与故障报警几个部分。从整个系统的构成上看，大体上有各电梯生产厂商随梯携带的内嵌式系统、以PLC为采集前端构成的监控系统、用单片机构成的采集前端等几种数据采集形式，与监控中心、用户端组成三级监控系统，如图4-31所示。

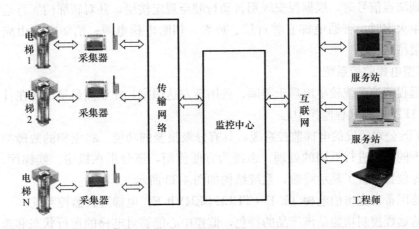

图4-31　电梯监控系统组成

2）电梯监控内容

电梯监控系统的功能主要包括：

（1）按时间程序设定的运行时间表启/停电梯、监视电梯运行状态、故障及紧急状况报警。

运行状态监控包括启动/停止状态、运行方向、所处楼层位置等，通过自动检测并将结果送入DDC，动态地显示出各台电梯的实时状态。故障检测包括电动机、电磁制动器等各种装置出现故障后自动报警，并显示故障电梯的地点、发生故障时间、故障状态等。紧急状况检测通常包括火灾、地震状况检测和发生故障时是否关人等，一旦发现，立即报警。电梯运行状态监控原理如图4-32所示。

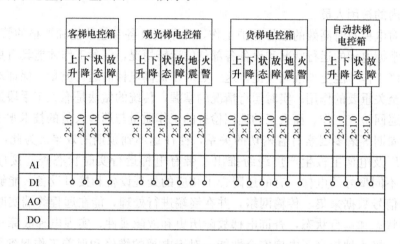

图4-32 电梯运行状态监控原理图

（2）多台电梯群控管理

群控系统能对运行区域进行自动分配，自动调配电梯至运行区域的各个不同服务区段。服务区域可以随时变化，它的位置与范围均由各台电梯通报的实际工作情况确定，并随时监视，以便随时满足大楼各处不同停站地召唤。

（3）配合安全防范系统协同工作

当接到防盗信号时，根据保安级别自动行驶至规定楼层，并对轿厢门实行监控。

当发生火灾时，普通电梯直驶首层、放客，切断电梯电源；消防电梯由应急电源供电，在首层待命。

3）典型电梯监控系统

电梯远程监控系统较早出现于美国、德国等发达国家，在亚洲最早出现在日本。

（1）OTIS电梯远程监控中心

由OTIS公司研发的电梯监控系统，具有分级报警的功能。将电梯的故障类型分成三级，针对不同级别进行不同的处理。系统为方便使用，还分别在机房、候梯厅、消防站、监控中心等位置设置了显示终端，系统结构如图4-33所示。

（2）德国蒂森克虏伯电梯TE-E（TELE-SERVICE）电梯远程监控系统

系统的远程控制功能是该产品的特色，监控中心能够对电梯的运行状态和选层进行远程操作。但该功能由于操作者远离控制现场，给电梯的运行安全带来了隐患。该系统的监控中心通过公共电话网主动拨号连接每一台电梯，需要每一台电梯具有唯一的地址，运行成本较高。中心使用两个图表来显示电梯的实时行驶方向、层楼的呼叫状态等电梯的运行状态，并进行分析与处理。当电梯发生故障或不正常运行时，系统自动向预置的号码拨号，进行报警。

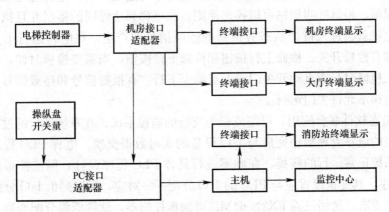

图 4-33　美国 OTIS 公司 EMS 组成图

（3）日本三菱的电梯远程监视系统

日本三菱公司在 20 世纪 90 年代针对其 SP-VF 和 GPS 系列产品开发了 MIC/MOP 电梯远程监视系统，并提出了"电梯预防保养"概念。不仅极大地缩短故障发现和排除的时间，还有效地提高了保养质量和效率。该系统具有以下功能：

a. 故障自动报警

当电梯发生故障时安装在电梯机房的运行状态监视装置能够立即采集到内部信号，然后通过公共电话网将故障信号自动传送到远程监控中心，监控中心根据发送回来的信息确定故障种类。并将故障信息通知维修人员，赶往现场进行检修。

b. 通话功能

当电梯发生关人故障时，远程监控中心人员可通过直接通话与轿厢内的乘客通话，指导乘客如何进行自我保护。

c. 定期检查和预防保养

通过远程监视系统可以定期检查电梯运行情况并采集相关数据，根据这些信息可以针对不同的电梯运行状况制订不同的保养计划，实现预防保养。提高了电梯保养的效率，降低了保养成本，确保电梯稳定安全运行。

（4）日立电梯远程监控系统

日立电梯的远程监视系统特点是实时性比较强，可以对电梯的运行状态进行不间断地检测，并可针对单台监视中的电梯建立运行档案。当电梯发生故障时，位于电梯机房的数据采集器系统自动向监控中心发出故障报警，显示电梯故障资料，同时向维修人员发出故障通知，说明故障电梯的位置、故障码等，使维修人员在最短时间内到达现场进行维修。

4.6.2　电梯监控系统组态案例

4.6.2.1　电梯控制要求与 PLC 软件资源分配

本节以一个五层电梯为对象，说明其监控系统的组态过程。该电梯有一至五层内呼按钮置于轿厢内面板，1 楼层厅门旁只有 1 楼外呼上按钮，2 楼到 4 楼层厅门旁均有外呼上按钮和外呼下按钮，5 楼层厅门旁只有 5 楼外呼下按钮。还设有检修开关、报警信号和超载信号、防关门过程中夹人等信号。电梯在初始化时，电梯的各层呼叫灯均不亮，各层楼层显示器也都不亮，只有当按下某层的呼叫按钮后，该层的呼叫显示灯才点亮，电梯才根据轿厢所在位置和具体的呼叫信号，来判断决定是上行还是下行，电梯遵循顺向截梯、反向呼叫信号保留、最远呼叫层站可以换向原则。当电梯到达呼叫的楼层并且执行开门关门的动作后，电梯就会进入待命状态等待新的呼叫信号的产生。在电梯运行中支持其他呼叫。轿厢顶部有检修开关、检修上行按钮和检修下行按钮，当需要检修时候，电梯不能响应呼梯信号，检修时只能点动开关门或者点动上下行。有报警信号和超载信号，当有超载信号时候，电梯不允许关门运行。

　　PLC 与组态软件联合应用，可组成较为流行的监控系统。在系统运行的过程中，组态软件通过内嵌的设备管理程序完成与 I/O 设备的实时数据交换。电梯 PLC 程序调试成功是整个监控系统正常运行的前提。在此不进行具体 PLC 程序设计，但监控系统设计时要结合 PLC 程序，其变量设置应与 PLC 的 I/O 分配一一对应，所以列出 I/O 分配表。

　　根据控制要求，选用三菱 FX2N-64MR 可编程控制器，软件资源分配如表 4-2 所示。

I/O 分配表 表 4-2

	输入		输出
X0	检修开关	Y0	电梯上行控制信号
X1	一楼内呼按钮	Y1	电梯下行控制信号
X2	二楼内呼按钮	Y2	电梯开门控制信号
X3	三楼内呼按钮	Y3	电梯关门控制信号
X4	四楼内呼按钮	Y4	电梯上行定向指示灯
X5	五楼内呼按钮	Y5	电梯下行定向指示灯
X6	一楼外呼上按钮	Y6	一楼外呼上指示灯
X7	二楼外呼上按钮	Y7	五楼外呼下指示灯
X10	三楼外呼上按钮	Y10	报警信号
X11	四楼外呼上按钮	Y11	电梯轿厢在一楼区域指示灯
X12	二楼外呼下按钮	Y12	电梯轿厢在二楼区域指示灯
X13	三楼外呼下按钮	Y13	电梯轿厢在三楼区域指示灯
X14	四楼外呼下按钮	Y14	电梯轿厢在四楼区域指示灯
X15	五楼外呼下按钮	Y15	电梯轿厢在五楼区域指示灯
X16	开门到位限位开关	Y16	二楼外呼上指示灯
X17	关门到位限位开关	Y17	二楼外呼下指示灯
X20	开门按钮	Y20	超载信号
X21	关门按钮	Y21	一楼内呼指示灯
X22	上极限开关	Y22	二楼内呼指示灯
X23	下极限开关	Y23	三楼内呼指示灯
X24	上行接近五楼	Y24	四楼内呼指示灯
X25	超载开关	Y25	五楼内呼指示灯
X26	检修上行按钮	Y26	三楼外呼上指示灯
X27	检修下行按钮	Y27	三楼外呼下指示灯
X30	下行接近一楼	Y30	四楼外呼上指示灯

续表

输入		输出	
X31	上行接近二楼	Y31	四楼外呼下指示灯
X32	下行接近二楼		
X33	上行接近三楼		
X34	下行接近三楼		
X35	上行接近四楼		
X36	下行接近四楼		

程序中相关辅助继电器的说明如表 4-3 所示。

辅助继电器的说明　　　　　　　　　　　　　　　　表 4-3

M1	组态画面轿厢在 1 楼减速点信号	M41	组态画面 1 楼外上呼按钮
M2	组态画面轿厢在 2 楼减速点信号	M42	组态画面 2 楼外上呼按钮
M3	组态画面轿厢在 3 楼减速点信号	M43	组态画面 3 楼外上呼按钮
M4	组态画面轿厢在 4 楼减速点信号	M44	组态画面 4 楼外上呼按钮
M5	组态画面轿厢在 5 楼减速点信号	M45	电梯关门有障碍物辅助
M6	组态检修开关辅助	M46	上行定向辅助一
M7	组态检修上行按钮辅助	M47	下行定向辅助一
M8	组态检修下行按钮辅助	M48	上行定向辅助二
M9	组态超载信号辅助	M49	下行定向辅助二
M11	轿厢位置在 1 楼辅助继电器一	M50	停层后关门中或刚关门 本层外呼开门辅助
M12	轿厢位置在 2 楼辅助继电器一	M51	关门辅助
M13	轿厢位置在 3 楼辅助继电器一	M52	运行禁止开门
M14	轿厢位置在 4 楼辅助继电器一	M54	开门到位辅助
M15	轿厢位置在 5 楼辅助继电器一	M55	关门到位辅助
M181	轿厢位置在 1 楼辅助继电器二	M56	启动开门辅助
M182	轿厢位置在 2 楼辅助继电器二	M57	启动关门辅助
M183	轿厢位置在 3 楼辅助继电器二	M58	关门后计时 T0 辅助
M184	轿厢位置在 4 楼辅助继电器二	M61	内呼 1 楼辅助继电器
M185	轿厢位置在 5 楼辅助继电器二	M62	内呼 2 楼辅助继电器
M21	组态画面轿厢精确在 1 楼	M63	内呼 3 楼辅助继电器
M22	组态画面轿厢精确在 2 楼	M64	内呼 4 楼辅助继电器
M23	组态画面轿厢精确在 3 楼	M65	内呼 5 楼辅助继电器
M24	组态画面轿厢精确在 4 楼	M68	上行辅助继电器
M25	组态画面轿厢精确在 5 楼	M69	下行辅助继电器
M26	电梯上行运行中	M71	1 楼外上呼辅助继电器
M27	电梯下行运行中	M72	2 楼外上呼辅助继电器
M30	低速	M73	3 楼外上呼辅助继电器
M31	中速	M74	4 楼外上呼辅助继电器
M32	高速	M82	2 楼外下呼辅助继电器
M33	检修中辅助	M83	3 楼外下呼辅助继电器
M34	检修上行中辅助	M84	4 楼外下呼辅助继电器
M35	检修下行中辅助	M85	5 楼外下呼辅助继电器
M36	检修开门辅助	M92	组态画面 2 楼外下呼按钮
M37	检修关门辅助	M93	组态画面 3 楼外下呼按钮
M38	开门按钮辅助	M94	组态画面 4 楼外下呼按钮
M39	关门按钮辅助	M95	组态画面 5 楼外下呼按钮
M40	超载辅助继电器	M99	停层辅助继电器

时间继电器说明如下：

T0：开门到位后定时 T0，T0 时间到，电梯门自动关闭。

T1：电梯关门到位后开始计时，计时 T1 时间到，电梯起动运行，启动后中速。这个时间继电器作用是内选按钮优先，并且只有 T1 得电后，辅助继电器上行定向辅助二与下行定向辅二才失电。

T2：电梯启动后开始计时，计时 T2 时间到，开始由中速转为高速。

数据寄存器说明如下：

D10：组态画面 T0 的时间显示。

D11：组态画面 T1 的时间显示。

D12：组态画面 T2 的时间显示。

4.6.2.2 电梯监控设计

通常，组态软件电梯监控设计步骤分为五个步骤，分别为：创建新工程、定义设备与变量、制作图形画面并定义动画连接、编写命令语言、进行运行系统的配置。在此仅介绍定义设备与变量、制作图形画面。

1）定义设备

打开"设备配置向导"，选择"PLC/三菱/FX Serial EZSocket"，如图 4-34 所示，为设备命名"FX2N"，与设备连接的串口选择"COM1"（和三菱 PLC 与计算机连接时选用的接口一致），指定设备地址（与每种设备数据文件的开头部分 [ ] 中的内容一致），通信参数使用默认值，检查各项设置正确后就可以完成设备新建。

图 4-34　定义设备

2）定义变量

结合前文的 PLC 软件资源分配，五层电梯的变量列表，如表 4-4 所示。

五层电梯的变量列表　　　　　　　　　　表 4-4

变量名	变量类型	连接设备	寄存器
开门到位辅助	I/O 离散	FX2N	M54
关门到位辅助	I/O 离散	FX2N	M55
检修开关	I/O 离散	FX2N	M6
检修上行按钮	I/O 离散	FX2N	M7
检修下行按钮	I/O 离散	FX2N	M8
检修中	I/O 离散	FX2N	M33
检修上行中	I/O 离散	FX2N	M34
检修下行中	I/O 离散	FX2N	M35
上行显示灯	I/O 离散	FX2N	M68
下行显示灯	I/O 离散	FX2N	M69
开门按钮	I/O 离散	FX2N	M38
关门按钮	I/O 离散	FX2N	M39
低速	I/O 离散	FX2N	M30
中速	I/O 离散	FX2N	M31
高速	I/O 离散	FX2N	M32
超载信号	I/O 离散	FX2N	M9
超载	I/O 离散	FX2N	M40
轿厢位置在一楼	I/O 离散	FX2N	M1
轿厢位置在二楼	I/O 离散	FX2N	M2
轿厢位置在三楼	I/O 离散	FX2N	M3
轿厢位置在四楼	I/O 离散	FX2N	M4
轿厢位置在五楼	I/O 离散	FX2N	M5
轿厢位置在一楼显示灯	I/O 离散	FX2N	M181
轿厢位置在二楼显示灯	I/O 离散	FX2N	M182
轿厢位置在三楼显示灯	I/O 离散	FX2N	M183
轿厢位置在四楼显示灯	I/O 离散	FX2N	M184
轿厢位置在五楼显示灯	I/O 离散	FX2N	M185
内选 1	I/O 离散	FX2N	M61
内选 2	I/O 离散	FX2N	M62
内选 3	I/O 离散	FX2N	M63
内选 4	I/O 离散	FX2N	M64
内选 5	I/O 离散	FX2N	M65
外选 1 上	I/O 离散	FX2N	M71
外选 2 上	I/O 离散	FX2N	M72
外选 3 上	I/O 离散	FX2N	M73
外选 4 上	I/O 离散	FX2N	M74
外选 2 下	I/O 离散	FX2N	M82
外选 3 下	I/O 离散	FX2N	M83
外选 4 下	I/O 离散	FX2N	M84
外选 5 下	I/O 离散	FX2N	M85
电梯轿厢到一层厅门	I/O 离散	FX2N	M21
电梯轿厢到二层厅门	I/O 离散	FX2N	M22
电梯轿厢到三层厅门	I/O 离散	FX2N	M23
电梯轿厢到四层厅门	I/O 离散	FX2N	M24
电梯轿厢到五层厅门	I/O 离散	FX2N	M25

续表

变量名	变量类型	连接设备	寄存器
启动开门辅助	I/O 离散	FX2N	M56
启动关门辅助	I/O 离散	FX2N	M57
电梯上行运行中	I/O 离散	FX2N	M26
电梯下行运行中	I/O 离散	FX2N	M27
外 1 上按钮	I/O 离散	FX2N	M41
外 2 上按钮	I/O 离散	FX2N	M42
外 3 上按钮	I/O 离散	FX2N	M43
外 4 上按钮	I/O 离散	FX2N	M44
外 2 下按钮	I/O 离散	FX2N	M92
外 3 下按钮	I/O 离散	FX2N	M93
外 4 下按钮	I/O 离散	FX2N	M94
外 5 下按钮	I/O 离散	FX2N	M95
开门到位后延时	I/O 离散	FX2N	D10
关门到位后延时	I/O 整形	FX2N	D11
启动后中速维持时间	I/O 整形	FX2N	D12
轿厢坐标	内存整形		
电梯门	内存整形		
报警	内存整形		
电梯楼层显示	内存整形		

3) 图形画面的制作

进入组态软件开发系统后，就可以为工程建立需要的画面。为了直观地监控电梯的运行过程，本项目中建立一个五层电梯画面，电梯轿厢在各楼层间运行。用工具箱中的 ■、✐、◀ 等功能构建厅门，并使用调色板调节图形的颜色，使电梯层站画面更加逼真。从图库选择需要的按钮、指示灯等添加到画面中，最终完成如图 4-35 所示的电梯监控画面。

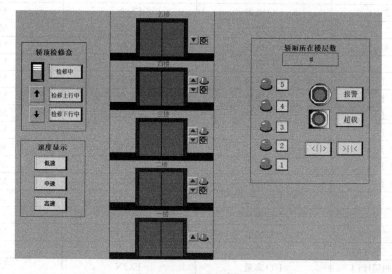

图 4-35　电梯监控画面

第5章 公共安全系统

5.1 公共安全系统概述

5.1.1 公共安全系统基本概念

1) 公共安全系统定义

《智能建筑设计标准》GB 50314—2015 中的定义是：为维护公共安全，运用现代科学技术，具有以应对危害社会安全的各类突发事件而构建的综合技术防范或安全保障体系综合功能的系统。

公共安全系统的主要功能实施：有效地应对建筑内火灾、非法侵入、自然灾害、重大安全事故等危害人们生命和财产安全的各种突发事件，并应建立应急及长效的技术防范保障体系；以人为本、主动防范、应急响应、严实可靠。

2) 公共安全系统组成

公共安全系统一般包括火灾自动报警系统、安全技术防范系统和应急响应系统等。其基本组成如表 5-1 所示。

公共安全系统的基本组成   表 5-1

公共安全系统															
安全技术防范系统						火灾自动报警系统					应急响应系统			
安全防范综合管理系统	入侵报警系统	视频安防监控系统	出入口控制系统	电子巡查管理系统	访客对讲系统	停车场(库)管理系统	火灾探测报警系统	消防联动控制系统	电气火灾监控系统	消防电源监控系统	可燃气体探测系统	有线/无线通信、指挥和调度系统	紧急报警系统	火灾自动报警—安全防范联动系统	火灾自动报警—建筑设备管理联动系统	紧急广播系统—信息发布—疏散导引联动系统

5.1.2 公共安全系统控制特点

与建筑智能化系统的其他系统相比，火灾自动报警与消防联动控制系统的控制，有自身的一些特点，在进行控制设计时，需要特别注意。

1) 控制信号

火灾自动报警与消防联动控制系统的控制信号包括联动触发信号、联动控制信号与联动反馈信号。每种信号的功能与线路均相对独立，设计时需要区分。

2) 联动控制与连锁控制

在给水排水系统中的消火栓系统、喷淋系统等设计时需要区别，可由本身自带的压力开关、流量开关等直接启动，也可由消防联动控制系统启动。为了说明简便与避免混淆，一般把设备自带的控制称为连锁控制，把火灾自带报警系统的控制称为联动控制。

3）总线控制与多线控制

在消防联动控制系统中，重要的消防设备（如消防泵、喷淋泵、排烟风机等），除由总线控制外，还增加了从消防控制室直接引来控制线路分别控制，即有几个设备，就需要几路控制设备；一般消防设备（如非消防电源切断、电梯、卷帘门），可由控制总线进行控制，即上述设备可由同一根控制总线进行控制。

4）联动控制 需要两个报警触发装置，报警信号的"与"逻辑组合需要火灾自动报警系统联动控制的消防设备，其联动触发信息应采用两个报警触发装置报警信号的"与"逻辑组合。例如消火栓系统的联动触发信号，是消火栓按钮的动作信号与消火栓按钮所在报警区域内任一火灾探测器或手动报警按钮报警信号的"与"逻辑。

5）安全防范系统控制与相关专业间的联动控制

（1）与火灾自动报警系统联动控制

根据安全管理的要求，出入口控制系统与停车场管理系统必须考虑与火灾自动报警系统的联动，保证火灾情况下的紧急逃生。

（2）安全防范各子系统间联动控制

根据实际需要，电子巡查系统与出入口控制系统或入侵报警系统、出入口控制系统与入侵报警系统或/和视频安防监控系统，停车库管理系统与视频安防监控系统或/和出入口控制系统之间，应具有联动控制功能或形成一个控制组合。

6）火灾自动报警系统与其他专业之间联动控制

在消防联动控制过程中，除系统本身需要控制相关设备外，还需控制建筑专业、给水排水专业、暖通空调专业以及电气专业内部的供配电、照明等系统的相关设备，如表5-2所示。

火灾报警系统控制对象　　　　　　　　　　　　　　表 5-2

控制对象的专业	控制对象系统	主要控制设备
建筑专业	电梯	普通电梯、消防电梯
	防火卷帘	卷帘门
	防火门	常开防火门、常闭防火门
给水排水专业	消火栓系统	消防泵、水箱流量开关、消火栓按钮、消防水箱与消防水池水位显示
	气体灭火系统	压力开关、电磁阀
	喷淋系统	喷淋泵、压力开关、水流指示器、水流指示器、湿式报警阀、消防水池水位显示
暖通空调专业	中央空调系统	冷冻主机、冷却主机、出风口
	防排烟系统	防/排烟风机、送风机、防火阀、送风口、电动挡烟垂壁、排烟窗、排烟阀
电气专业	火灾报警装置	消防广播，声光报警器
	消防电源	消防电源监控器
	电气火灾监控	电气火灾监控器
	应急照明	应急照明控制器

5.2 火灾自动报警与消防联动控制系统控制

5.2.1 火灾自动报警系统的组成

一个完整的火灾自动报警与消防联动控制系统（以下简称火灾自动报警系统），一般包括火灾探测、消防联动、电气火灾监控、可燃气体探测以及消防电源监控等部分，其中每个部分，包含若干的子系统。因此，总体来说，火灾自动报警系统是一个复杂的电子系统。如图 5-1 所示。

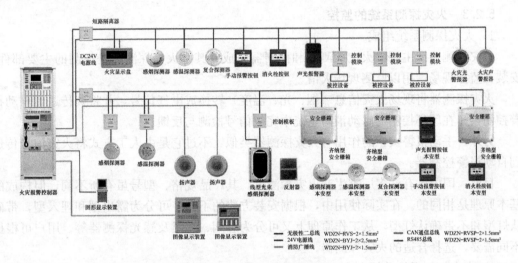

图 5-1　火灾自动报警系统

5.2.2 火灾自动报警系统控制要求

1）系统完整性要求

火灾自动报警系统，国家有严格的产品检测标准与指标要求。因此，除特殊情况下供个别设备启动使用的独立探测器外，原则上必须是一个相对完整的系统，即包含探测器、控制器等主要部件。不允许把部分设备接入其他系统组成火灾自动报警系统。

当然，现在有部分安防产品，集成了烟雾探测或温度探测的功能，但本质上仍是安防产品，不是火灾自动报警系统产品，更不能对火灾自动报警设备进行控制。

2）系统联网要求

火灾自动报警系统与其他系统联网或集成时，必须遵循"只监不控"的原则。即火灾自动报警系统必须保证其系统工作的独立性，其他系统如智能化系统集成、工控网络等，均只能监视火灾自动报警系统的工作状态，不能对其进行控制。

3）消防设备联动控制顺序

火灾发生初期，火灾探测器将现场探测到的温度或烟雾浓度等信号发给报警控制器，报警控制器判断、处理检测信号，确定火情后，发出报警信号，显示报警信息，并将报警信息传送到消防控制中心，消防控制中心记录火灾信息，显示报警部位，协调联动控制，即按一系列预定的指令控制消防联动装置动作。

典型的消防联动系统控制内容包括：消防水泵控制；喷淋水泵控制；气体自动灭火控

制；防火门、防火卷帘的控制；防排烟控制；正压送风控制；消防应急广播、警铃控制；电梯控制、消防通信及其他消防设施的控制。

以上消防联动系统控制顺序如下：当火灾探测器报警后，按空调系统分区停止与报警区域有关的空调机、送风机及关闭管道上的防火阀。同时启动与报警区域有关的排烟阀及排烟风机及返回信号；在火灾确认后，关闭有关部位电动防火门、防火卷帘门，同时按照防火分区和疏散顺序切断非消防用电源、接通消防应急照明灯及疏散标志灯；向电梯控制屏发出信号并强使全部电梯（消防、客用、货用）下行并停于底层，除消防电梯处于待命状态外，其余电梯停止使用。

5.2.3 火灾探测系统的监控

1）火灾探测系统组成

火灾探测系统主要由火灾探测器和控制器组成。其中火灾探测器是探测的主要部件，安装在监控现场，用以监测现场火情。

火灾探测器将现场火灾信息（烟、光、温度）转换成电气信号，并将其传送到自动报警控制器，在闭环控制的启动消防系统中完成信号检测与反馈。

另外，手动报警按钮的作用与火灾探测器类似，不过它是由人工方式将火灾信号传送到自动报警控制器。

目前，国内已有许多厂家生产火灾探测器，其产品规格、型号虽有所不同，但构成的基本原理是相同的。在实际使用中，根据安装方式的不同，可分为露出型和埋入型，带确认灯型和不带确认灯型，从工作原理上又可分为感烟、感温及感光探测器等。用户可根据不同需要，选择合适的火灾探测器。

2）火灾探测系统监控内容

火灾探测器的作用是要把火灾初期阶段能引起火灾的参数尽早、及时和准确的检测出来，通过总线上传到控制器。常用的探测器信号可以是数字量或模拟量，由选择的具体产品确定。

（1）报警信号接收

数字量（开关量）探测器监控

有些探测器的输出是开关量（继电器）信号。对组态系统来说，接收的信号是离散量。

有些探测器的输出是模拟量信号，即现场探测到的实际温度或实际烟雾浓度。对组态系统来说，接收的信号是实数量。

（2）状态显示

探测器发出报警信息时，控制系统应该显示探测器的编号、位置及报警时间等信息，如表 5-3 所示。

火灾探测器报警信息显示 表 5-3

序号	日期	时间	位置	回路编号	说明	报警类型	级别	信号确认
1	2019/08/30	10：00：00	一层走廊	G1	一层烟感	异常	高级	未确认
2	2019/08/30	10：10：00	一层门厅	G2	一层烟感	异常	紧急	未确认

5.2.4 火灾警报和消防应急广播系统的联动控制设计

1）火灾警报和消防应急广播系统

火灾警报和消防应急广播系统，是火灾逃生疏散和灭火指挥的重要系统，在整个消防控制管理系统中起着极其重要的作用。在火灾发生时，启动建筑内所有的火灾警报装置；同时，消防应急广播信号通过音源设备发出，经过功率放大后，由广播切换模块切换到广播指定区域的音箱实现应急广播。

2）消防应急广播系统监控内容

（1）消防应急广播系统启动信号。当确认火灾后，通过组态软件向广播控制器发出消防应急广播系统的启动信号，向全楼同时进行广播。

（2）应急广播的播放内容事先录好。消防应急广播的单次语音播放时间为 $10 \sim 30s$，与火灾声警报器分时交替工作，可采取 1 次火灾声警报器播放、1 次或 2 次消防应急广播播放的交替工作方式循环播放。

（3）在消防控制室应能手动或按预设控制逻辑联动控制选择广播分区、启动或停止应急广播系统，并能监听消防应急广播。

（4）消防控制室内应能显示消防应急广播的广播分区的工作状态。

3）独立设置的消防应急广播监控

独立设置的消防应急广播，可采用不分区控制（图 5-2 a）；也可带分区控制功能（图 5-2 b），其分区控制通过控制模块实现。

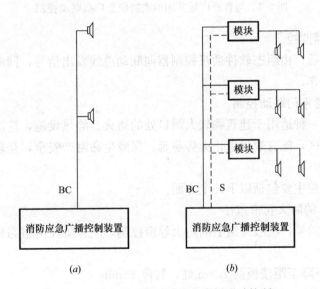

图 5-2 独立设置的消防应急广播联动控制

4）与普通广播共用的消防应急广播监控

当消防应急广播与普通广播合用时，有两种方式。

（1）消防广播分别独立设置音源与功放，控制时需要单独的切换装置，如图 5-3（a）所示。当火灾发生时，消防联动控制器负责切换广播线路。切换装置可为继电器或专用切换设备。

（2）消防应急广播全部利用普通广播的功放、扬声器等设备，只设置应急音源，如图 5-3（b）所示。火灾发生时可控制普通广播紧急开启，强制切入消防应急广播。

分区控制功能与前述相同。

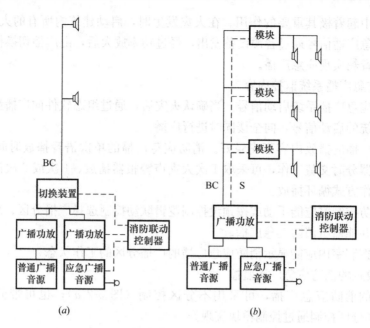

图 5-3　与普通广播共用的消防应急广播联动控制

5) 声光报警器监控

确认火灾信号后，由组态软件通过控制器向联动总线发出信号，同时启动建筑内所有火灾声光报警器工作。

5.2.5　防火卷帘门联动控制

防火卷帘门是一种适用于建筑物较大洞口处的防火、隔热设施，广泛应用于工业与民用建筑的防火隔断区，能有效地阻止火势蔓延，保障生命财产安全，是现代建筑中不可缺少的防火设施。

防火卷帘的监控主要包括以下几个方面：

1. 疏散通道上的防火卷帘监控

需要特别注意的是，疏散通道上的防火卷帘控制，应分阶段由组态软件控制，防火卷帘控制器实现。

1) 防火卷帘下降至距楼板面 1.8m 处，暂停 15min。

2) 15min 后，防火卷帘继续下降到楼板面。

具体控制要求如表 5-4 所示。

疏散通道上卷帘门控制要求与实现　　　　　　　　　　　　表 5-4

控制方式	控制阶段	触发设备	控制要求
联动控制	一	防火分区内任两只独立的感烟火灾探测器或任一只专门用于联动防火卷帘的感烟火灾探测器	联动控制防火卷帘下降至距楼板面 1.8m 处，暂停 15min
	二	任一只专门用于联动防火卷帘的感温火灾探测器	联动控制防火卷帘下降到楼板面
手动控制	防火卷帘两侧设置手动控制按钮，控制防火卷帘升降		

2. 非疏散通道上的防火卷帘联动控制要求

非疏散通道上防火卷帘，由防火卷帘控制器直接控制一次动作到位，如表 5-5 所示。

非疏散通道上卷帘门联动控制要求与实现　　　　表 5-5

控制方式	触发设备	控制要求
联动控制	防火卷帘所在防火分区内任两只独立的火灾探测器的报警信号	联动控制防火卷帘直接下降到楼板面
手动控制	防火卷帘两侧设置的手动控制按钮控制防火卷帘升降	

具体设计时，一般可采用组态软件＋PLC 控制的方式实现。在系统运行的过程中，组态软件通过内嵌的设备管理程序完成与 I/O 设备的实时数据交换。软件资源分配如表 5-6 所示。

防护卷帘 I/O 分配表　　　　表 5-6

输入		备注	输出	
X0	独立感烟探测器 1	"与"逻辑	Y0	卷帘门下降动作一
X1	独立感烟探测器 2		Y1	卷帘门下降动作二
X2	卷帘门专用感烟探测器 1		Y2	卷帘门下降动作三
X3	卷帘门专用感烟探测器 2		Y3	手动控制信号一
X4	卷帘门专用感烟探测器 3		Y4	手动控制信号二
X5	卷帘门专用感烟探测器 4	"或"逻辑		
X7	卷帘门专用感温探测器 1			
X8	卷帘门专用感温探测器 2			
X9	卷帘门专用感温探测器 3			
X10	卷帘门专用感温探测器 4			
X11	卷帘门下降动作一反馈	下降至 1.8m		
X12	卷帘门下降动作二反馈	1.8m 下降至地面		
X13	卷帘门下降动作三反馈	直接降至地面		

5.2.6　防火门联动控制

1）防火门监控要求

防火门包括常开防火门与常闭防火门两类。根据《火灾自动报警系统设计规范》GB 50116—2013 中规定以及规范管理组做出的回应，提出以下要求。

（1）监控与疏散相关的防火门。非疏散相关的防火门，如重要设备用房的防火门，不需监控。

（2）监控与人员疏散相关的常开防火门，监视常开防火门的状态，并在火警时通过控制器控制关闭疏散相关的常开防火门。

（3）监视系统应显示所有与人员疏散相关的常闭防火门的工作状态，主要包括防烟楼梯间、封闭楼梯间、电梯前室等处设置的常闭防火门。因常闭防火门自动机械闭门机构，不需消防联动控制。

2）防火门联动监控要求（如表 5-7 所示）

防火门监控要求　　　　　　　　　　　表 5-7

控制对象	触发设备	控制要求
常开防火门	由常开防火门所在防火分区内的两只独立的火灾探测器或一只火灾探测器与一只手动火灾报警按钮的报警信号	联动触发信号应由火灾报警控制器或消防联动控制器发出，并应由消防联动控制器或防火门监控器联动控制防火门关闭
常闭防火门	常闭防火门的开启及故障状态信号应反馈至防火门监控器	

3）防火门 I/O 分配（如表 5-8 所示）

防火门 I/O 分配表　　　　　　　　　　表 5-8

输入		备注	输出	
X0	独立感烟探测器 1		Y0	常开防火门关闭
X1	独立感烟探测器 2		Y1	
X2	任意独立感应探测器	"与" 逻辑	Y2	
X3	手动报警按钮		Y3	
X4	常开防火门开启状态		Y4	
X5	常开防火门故障			
X7	常闭防火门开启状态			
X8	常闭防火门故障			

5.2.7　消火栓系统控制

1. 消火栓系统组成

消火栓系统是一种固定式消防设施，主要作用是控制可燃物、隔绝助燃物、消除着火源。该系统由消防管道、室内消火栓（消防消火栓箱内配有消防水带、消防卷盘、消防水枪、消火栓闸阀及消火栓按钮）、消防增压泵、消防稳压泵、消防水池、室外消火栓（地上消火栓）、消火栓接合器等组成。消火栓系统是最常用的消防系统，也是最基本的火灾灭火系统。消火栓管网最不利点水压需要保持在 3MPa 压力以上，平时管网水压靠消火栓稳压泵进行稳压。当火灾发生时，打开消火栓箱取出消防水带按下消火栓按钮，此时消火栓增压泵启动，打开消火栓阀门进行灭火，如图 5-4 所示。

2. 消火栓系统联动控制要求

1）主要控制设备

（1）出水干管低压压力开关：位于消防泵房内。此压力开关的工作分为三个过程，首先是正常状态，即关泵状态；第二是当出水压力干管压力下降，会先启动消防稳压泵；当启动消防稳压泵后，出水压力仍继续下降，即确认发生火灾，则会启动消火栓主泵。从而减少了消火栓主泵的误起动次数。

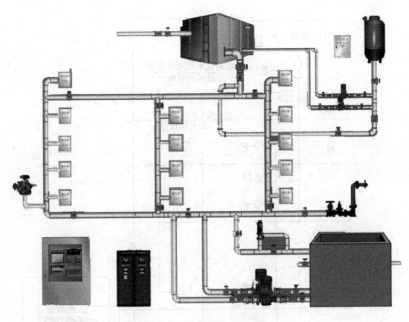

图 5-4　消火栓系统

（2）高位消防水箱出水管上的流量开关：位于屋顶水箱旁。当高位水箱出水流量达到预定值，就启动消防泵。

（3）屋顶水箱液位控制器：高低水位均报警。屋顶水箱用于稳压作用。

（4）消防水池液位控制器：高低水位均报警。消防水池用于消火栓主泵供水。

（5）消防稳压泵的设置：一套消防泵（一般为 2 台）配置一套（一般为 2 台）消防稳压泵，另外一套喷淋泵（一般为 2 台）也会配置一套（一般为 2 台）消防稳压泵。

2）监控要求

（1）消火栓系统出水干管上设置的低压压力开关、高位消防水箱出水管上设置的流量开关或报警阀压力开关等信号作为触发信号 DI。组态软件接收到触发信号后，发出启动信号 DO 直接控制启动消火栓泵。消火栓泵的联动控制不受消防联动控制器处于自动或手动状态影响。

（2）当建筑内设置火灾自动报警系统时，消火栓按钮的动作信号作为报警信号及启动消火栓泵的联动触发信号，组态软件在接收到满足逻辑关系的联动触发信号后，发出信号 DO 控制消火栓泵的启动。

（3）联动控制方式。应将消火栓系统出水干管上设置的低压压力开关、高位消防水箱出水管上设置的流量开关或报警阀压力开关等信号作为触发信号，直接控制启动消火栓泵，联动控制不应受消防联动控制器处于自动或手动状态影响。当设置消火栓按钮时，消火栓按钮的动作信号应作为报警信号及启动消火栓泵的联动触发信号，由组态软件发出控制信号联动控制消火栓泵的启动。

控制原理图如图 5-5 所示。消火栓控制系统 I/O 分配表如表 5-9 所示。

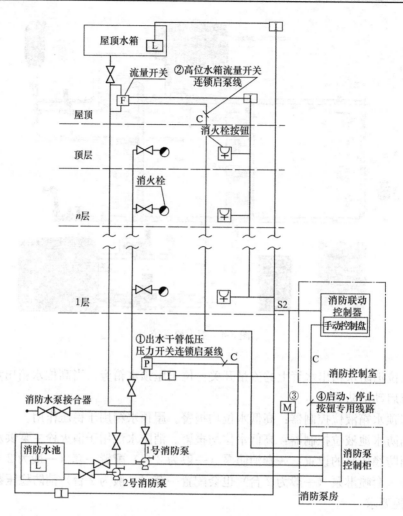

图 5-5　消火栓系统控制原理图

动作过程如图 5-6 所示。

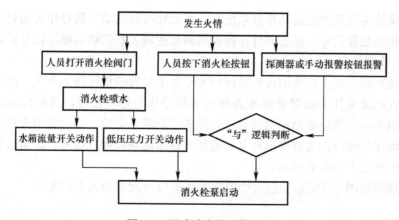

图 5-6　湿式消火栓动作过程

消火栓控制系统 I/O 分配表　　　　　　　　　表 5-9

	输入	备注			输出	
X0	出水干管上的低压压力开关动作	直接启泵		Y0	联动控制信号	直接启泵
X1	高位消防水箱出水管上流量开关动作	直接启泵		Y1	消控室手动控制盘	直接启泵
X2	报警阀压力开关动作	直接启泵		Y2	现场控制器	直接启泵
X3	消火栓按钮动作					
X4	任一探测器信号	"或"	"与"			
X5	手动报警按钮					
X7	出水干管上的低压压力开关信号					
X8	高位消防水箱水位信号					
X9	报警阀压力开关信号					
X10	消防泵 1 状态					
X11	消防泵 2 状态					
X12	稳压泵 1 状态					
X13	稳压泵 2 状态					
X14	消防水池水位信号					

5.2.8　自动喷水系统控制

1. 自动喷水系统组成

自动喷水灭火属于固定式灭火系统，是目前世界上较为广泛采用的一种固定式消防设施，它具有价格低廉、灭火效率高等特点。

自动喷水系统类型较多，常见的有湿式喷水灭火系统、干式喷水灭火系统、预作用喷水灭火系统、雨淋系统、水幕系统等。其主要工作原理与控制过程大体相同。

保护区域内发生火灾时，温度升高使闭式喷头玻璃球炸裂而使喷头开启喷水。这时湿式报警阀系统侧压力降低，供水压力大于系统侧压力（产生压差），使湿式报警阀开启，其中一路压力水流向洒水喷头，对保护区洒水灭火，同时水流指示器报告起火区域；另一路压力水通过延迟器流向水力警铃，发出持续铃声报警，报警阀组或稳压泵的压力开关输出启动信号，组态控制系统接收到信号后，向喷淋泵发出启动信号完成系统启动。系统启动后，由喷淋泵向开放的喷头供水，开放喷头按不低于设计规定的喷水强度均匀喷水，实施灭火如图 5-7、图 5-8 所示。

2. 自动喷水系统控制设备

水箱：在正常状态下维持管网的压力，当火灾发生的初期给管网提供灭火用水。

闭式洒水喷头：由喷头体、溅水盘、感温玻璃球、释放和密封机构组成的，在热作用下，闭式洒水喷头在预定的温度范围内自行启动，并按设计的洒水形状和流量洒水的一种喷水装置。

水力警铃：水流过湿式报警阀使之启动后，能发出声响的水力驱动式报警装置，适用于湿式、干式报警阀及雨淋阀系统中。它安装在延迟器的上部。当喷头开启时，系统侧排水口放水后 5～90s 内，水力警铃开始工作。

压力开关：安装在延迟器上部，将水压信号变换成电信号，从而实现电动报警或启动消防水泵。

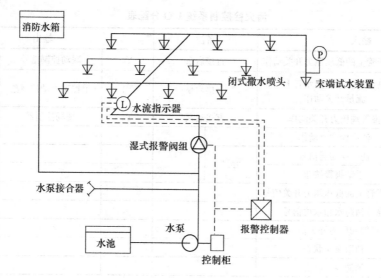

图 5-7　湿式喷水系统组成

延迟器是容积式部件，它可以消除自动喷水灭火系统因水源压力波动和水流冲击造成误报警。

湿式报警阀：只允许水单方向流入喷水系统并在规定流量下报警的一种单向阀，是自动喷水系统的重要部件。它在系统中的作用是接通或关断报警水流，喷头动作后报警水流将驱动水力警铃和压力开关报警；防止水倒流。

水流指示器：在自动喷水灭火系统中，水流指示器是一种把水的流动转换成电信号报警的部件，它的电气开关可以导通电警铃，也可辅助启动消防水泵供水灭火。延时型水流指示器可克服由于水源波动引起的误动作，给延时电路供电，经过预设的时间后，延时继电器动作，通过一组无源常开触点发出报警信号，如图 5-9 所示。

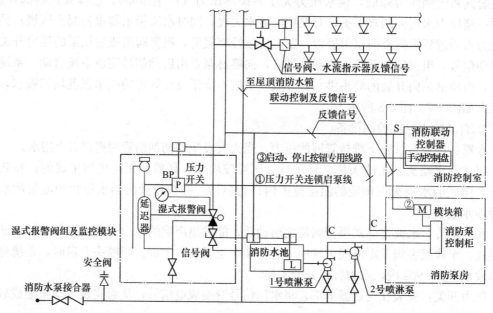

图 5-8　湿式喷水系统控制原理图

3. 监控要求

(1) 联动控制方式，湿式报警阀压力开关的动作信号作为触发信号。当组态软件收到压力开关信号 DI 时，输出控制信号 DO，直接控制启动喷淋消防泵。联动控制不应受消防联动控制器处于自动或手动状态影响。

(2) 手动控制方式，应将喷淋消防泵控制箱（柜）的启动、停止按钮用专用线路直接连接至设置在消防控制室内的消防联动控制器的手动控制盘，直接手动控制喷淋消防泵的启动、停止。

(3) 水流指示器、信号阀、压力开关、喷淋消防泵的启动和停止的动作信号应反馈至消防联动控制器，如表 5-10 所示。

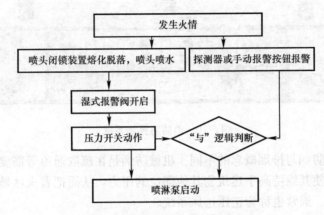

图 5-9　湿式自动喷水系统控制流程图

自动喷水系统 I/O 分配表　　　表 5-10

输入		备注		输出		
X0	压力开关动作	直接启泵		Y0	联动控制信号	直接启泵
X1	压力开关动作反馈信号			Y1	消控室手动控制盘	直接启泵
X2	任一探测器信号	"或"	"与"	Y2	现场控制器	直接启泵
X3	手动报警按钮					
X4	线路信号阀反馈					
X5	水流指示器反馈					
X6	泵房信号阀反馈					
X7	喷淋泵1状态					
X8	喷淋泵2状态					
X9	稳压泵1状态					
X10	稳压泵2状态					
X11	消防水池水位信号					

5.2.9　消防防排烟系统控制

1. 消防防排烟系统组成

在发生火灾的过程中，会产生大量的浓烟。一些装修材料经过火的燃烧后产生的浓烟带有大量的有毒物质，会导致人员中毒或窒息身亡。在建筑物内设置防排烟系统可减少浓烟对人类的危害。根据建筑内部排风结构来设计防排烟系统，当室内达到自然排烟条件可不需要安装防排烟系统。

消防防排烟系统的作用是使用机械排烟方式将火灾所产生的有害浓烟向室外排除，从而减少室内人员吸入更多的浓烟，避免中毒或窒息身亡。

消防防排烟系统由风机、风管、自动排烟阀、防火阀、控制柜等组成，消防防排烟系统的工作原理是当消防控制中心收到火灾信号时，联动消防防排烟风机控制柜启动风机并打开排烟阀，将室内浓烟从风管中向室外排放，达到排烟效果，如图 5-10 所示。

图 5-10　消防防排烟系统

需要注意的是防烟与排烟概念的不同。机械防烟是在疏散通道等需要防烟的部位送入足够的新鲜空气，使其维持高于建筑物其他部位的压力，从而把着火区域所产生的烟气堵截于防烟部位之外。通常也称为正压送风系统。

机械排烟系统是由排烟口、排烟防火阀、排烟管道、排烟风机、排烟出口及防排烟控制器等组成。当建筑物内发生火灾时，由火场人员手动控制或由感烟探测器将火灾信号传递给防排烟控制器，开启活动的挡烟垂壁将烟气控制在发生火灾的防烟分区内，并打开排烟口及和排烟口联动的排烟防火阀，同时关闭空调系统和送风管道内的防火调节阀防止烟气从空调、通风系统蔓延到其他非着火房间，最后由设置在屋顶的排烟机将烟气通过排烟管道排至室外。

2. 消防防排烟系统监控

1）主要控制设备

（1）风机

风机是通风系统中为空气的流动提供动力以克服输送过程中的阻力损失的机械设备。在通风工程中应用最广泛的是离心风机和轴流风机。

（2）风阀

风阀装设在风管或风道中，主要用于调节空气的流量。通风系统中的风阀可分为一次调节阀、开关阀和自动调节阀等。

（3）风口

风口分进气口和排气口，装在风管或风道的两端，根据使用场合的不同，分为室内和室外两种形式。

2）监控要求

在排烟风机与排烟管道连接处设置排烟防火阀，在排烟管道末端设置排烟阀，注意排烟阀与排烟防火阀是功能完全不同的设备。排烟阀平时常关，火灾时开，与报警主机联动，开启条件是自动报警系统发生火警（探测器报警），消防报警主机置于自动状态，排烟阀自动开启，联动排烟风机启动。排烟防火阀是平时常开，火灾时也是开启状态，但当烟气温度达到 280℃时，排烟防火阀自动关闭，联动已经开启的风机停止运行，如图 5-11所示。

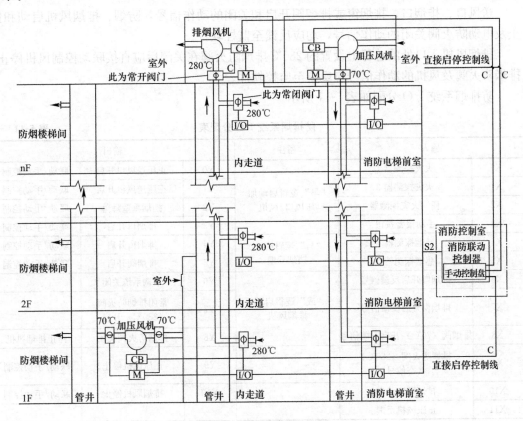

图 5-11　防排烟系统控制图

（1）防烟系统的监控要求

a. 由加压送风口所在防火分区内的两只独立的火灾探测器或一只火灾探测器与一只手动火灾报警按钮的报警信号 DI（或 AI），作为送风门开启和加压送风机启动的联动触发信号。组态控制软件接收到触发信号后，发出控制信号 DO，启动相关楼层前室等需要加压送风场所的加压送风口，同时启动加压送风机。

b. 由同一防烟分区内且位于电动挡烟垂壁附近的两只独立的感烟火灾探测器的报警信号 DI，作为电功挡烟垂壁降落的联动触发信号。组态控制软件接收到触发信号后，发出控制信号 DO，控制电动挡烟垂壁的降落。

（2）排烟系统的联动控制要求

a. 由同一防烟分区内的两只独立的火灾探测器的报警信号 DI，作为排烟口、排烟窗或排烟阀开启的联动触发信号。组态控制软件接收到触发信号后，发出控制信号 DO，控制排烟口、排烟窗或排烟阀的开启，同时停止该防烟分区的空气调节系统。

b. 由排烟口、排烟窗或排烟阀开启的动作信号 DI，作为排烟风机启动的联动触发信号。组态控制软件接收到触发信号后，发出控制信号 DO，控制排烟风机的启动。

防烟系统、排烟系统的手动控制方式：能手动控制送风口、电动挡烟垂壁、排烟口、排烟窗、排烟阀的开启或关闭及防烟风机、排烟风机等设备的启动或停止。风机的启动、停止按钮应采用专用线路直接连接至手动控制装置，并应直接手动控制防烟、排烟风机的启动、停止。

送风口、排烟口、排烟窗或排烟阀开启和关闭的动作信号，防烟、排烟风机启动和停止及电动防火阀关闭的动作信号，均应反馈至监控软件。

排烟风机入口处的总管上设置的280℃排烟防火阀在关闭后应直接联动控制风机停止，排烟防火阀及风机的动作信号应反馈至监控软件。

防排烟系统I/O分配如表5-11所示。

防排烟系统I/O分配表　　　　　　　　　　　　　　　表5-11

	输入	备注		输出	
X0	火灾探测器1		Y0	正压送风口开启	联动/手动控制
X1	火灾探测器2	"与"逻辑启动加压风口/风机	Y1	正压送风机开启	联动/手动控制
X2	任一火灾探测器		Y2	挡烟垂壁降落	联动/手动控制
X3	手动报警按钮		Y3	排烟口开启	联动/手动控制
X4	感烟探测器1	"与"逻辑启动挡烟垂壁	Y4	排烟窗开启	联动/手动控制
X5	感烟探测器2		Y5	排烟阀开启	联动/手动控制
X6	排烟口开启反馈信号		Y6	空调系统关闭	
X7	排烟窗开启反馈信号	"或"逻辑启动排烟风机	Y7	常闭排烟防火阀（280℃）开启	
X8	排烟阀（70℃）开启反馈信号		Y8	排烟防火阀关闭	停止排烟风机
X9	排烟防火阀（280℃）状态信号		Y9	正压风机停止	联动/手动控制
X10	排烟风机状态		Y10	排烟风机停止	联动/手动控制
X11	正压风机反馈				

5.2.10　可燃气体系统控制

可燃气体报警系统可以有效地检测出可燃有毒气体的浓度，预防气体泄漏后可燃有毒气体浓度超标。可燃气体报警系统是由气体报警控制器和气体探测器两部分组成，控制器可放置于值班室内，主要对各监测点进行控制，可燃有毒气体探测器安装于气体最易泄漏的地点，检测空气中可燃气体的浓度。气体探测器将传感器检测到的可燃气体浓度转换成电信号，通过线缆传输到控制器。气体报警控制器发出报警信号时，可启动电磁阀、排气扇等外联设备，自动排除隐患。

可燃气体探测报警系统应独立组成，如图5-12所示。主要部分为探测器和控制器两部分。根据需要，还可加入联动风机等设备。对于规模较小的系统，如单独的厨房用可燃气体探测器，也可选用探测、报警一体的独立式可燃气体探测器，且不与其他设备联网。

可燃气体探测器不应直接接入火灾报警控制器的探测器回路；当可燃气体的报警信号需接入火灾自动报警系统时，应由可燃气体报警控制器接入。

5.2.11　气体灭火系统、泡沫灭火系统控制

1. 气体灭火系统、泡沫灭火系统组成

气体灭火系统是指平时灭火剂以液体、液化气体或气体状态存贮于压力容器内，灭火

时以气体状态喷射作为灭火介质的灭火系统。并能在防护区空间内形成各方向均一的气体浓度，至少能保持该灭火浓度达到规范规定的浸渍时间，实现扑灭该防护区的平面、立体火灾。系统由贮存容器、容器阀、选择阀、液体单向阀、喷嘴和阀驱动装置组成。如图5-13所示。

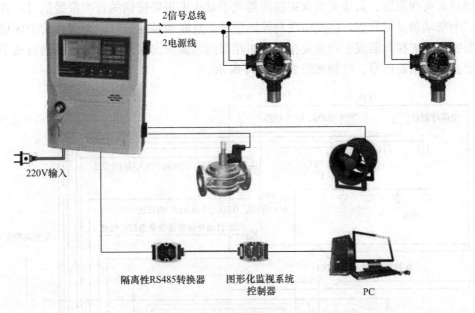

图 5-12　燃气体探测系统组成

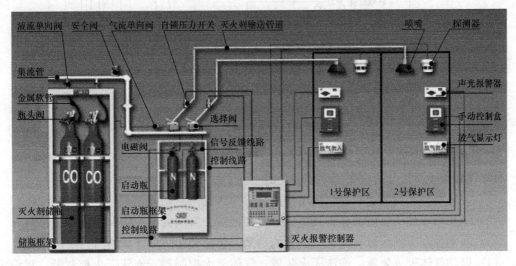

图 5-13　气体灭火系统组成

2. 气体灭火系统、泡沫灭火系统控制要求

气体灭火系统、泡沫灭火系统应分别由专用的气体灭火控制器、泡沫灭火控制器控制。

气体灭火控制器、泡沫灭火控制器直接连接火灾探测器时，满足下列要求。

（1）由同一防护区域内两只独立的火灾探测器的报警信号、一只火灾探测器与一只手动火灾报警按钮的报警信号或防护区外的紧急启动信号 DI，作为系统的联动触发信号，探测器的组合一般采用感烟火灾探测器和感温火灾探测器。

（2）气体灭火控制器、泡沫灭火控制器在接收到满足联动逻辑关系的首个联动触发信号后，启动设置在该防护区内的火灾声光警报器，且联动触发信号应为任一防护区域内设置的感烟火灾探测器、其他类型火灾探测器或手动火灾报警按钮的首次报警信号；在接收到第二个联动触发信号后，应发出联动控制信号，且联动触发信号应为同一防护区域内与首次报警的火灾探测器或手动火灾报警按钮相邻的感温火灾探测器、火焰探测器或手动火灾报警按钮的报警信号。控制系统如图 5-14 所示。

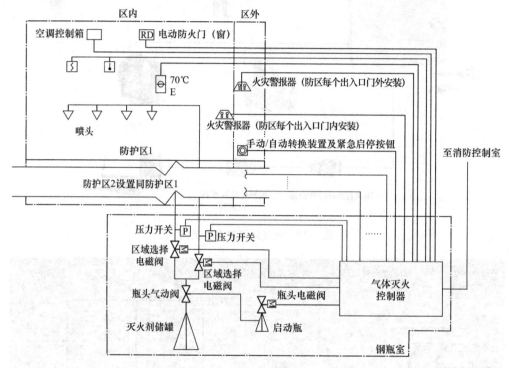

图 5-14　气体灭火系统控制原理图

3. 监控内容

1）气体灭火系统与火灾报警系统联动时

（1）关闭防护区域的送（排）风机及送（排）风阀门；

（2）停止通风和空气调节系统及关闭设置在该防护区域的电动防火阀；

（3）联动控制防护区域开口封闭装置的启动，包括关闭防护区域的门、窗；

（4）启动气体灭火装置、泡沫灭火装置，气体灭火控制器、泡沫灭火控制器，可设定不大于 30s 的延迟喷射时间。

（5）平时无人工作的防护区，可设置为无延迟的喷射。在接收到满足联动逻辑关系的首个联动触发信号后按规定执行除启动气体灭火装置、泡沫灭火装置外的联动控制；在接收到第二个联动触发信号后，应启动气体灭火装置、泡沫灭火装置。

（6）气体灭火防护区出口外上方设置表示气体喷洒的火灾声光警报器，指示气体释放的声信号应与该保护对象中设置的火灾声警报器的声信号有明显区别。启动气体灭火装置、泡沫灭火装置的同时，应启动设置在防护区入口处表示气体喷洒的火灾声光警报器；组合分配系统应首先开启相应防护区域的选择阀，然后启动气体灭火装置、泡沫灭火装置。

2）气体灭火控制器、泡沫灭火控制器不直接连接火灾探测器时，气体灭火系统、泡沫灭火系统的自动控制方式应符合下列规定。

（1）气体灭火系统、泡沫灭火系统的联动触发信号应由组态软件统一发出。

（2）气体灭火系统、泡沫灭火系统的联动触发信号和联动控制均应符合自动控制的要求。

3）气体灭火系统、泡沫灭火系统的手动控制方式

（1）在防护区疏散出口的门外应设置气体灭火装置、泡沫灭火装置的手动启动和停止按钮，手动启动按钮按下时气体灭火控制器、泡沫灭火控制器应执行符合前述1）的联动操作；手动停止按钮按下时，气体灭火控制器、泡沫灭火控制器应停止正在执行的联动操作。

（2）气体灭火控制器、泡沫灭火控制器上应设置对应于不同防护区的手动启动和停止按钮，手动启动按钮按下时，气体灭火控制器、泡沫灭火控制器应执行符合联动操作要求；手动停止按钮按下时，气体灭火控制器、泡沫灭火控制器应停止正在执行的联动操作。

4）气体灭火装置、泡沫灭火装置启动及喷放各阶段的联动控制及系统的反馈信号，应包括下列内容，其工作流程如图5-15所示。

（1）气体灭火控制器、泡沫灭火控制器直接连接的火灾探测器的报警信号。

（2）选择阀的工作信号。

（3）压力开关的动作信号。

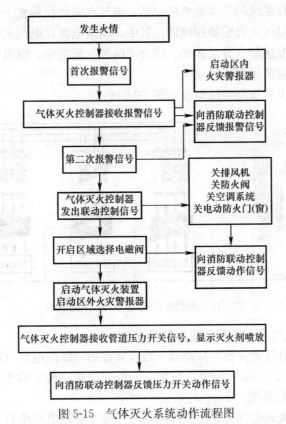

图 5-15　气体灭火系统动作流程图

气体灭火系统组态控制 I/O 分配如表 5-12 所示。

气体灭火系统 I/O 分配表 表 5-12

输入		备注	输出		
X0	火灾探测器 1 第一次信号	"与"逻辑启动声光报警器风机	Y0	启动声光报警器	联动控制
X1	火灾探测器 2 第一次信号		Y1	正压送风机关闭	联动/手动控制
X2	任一火灾探测器第一次信号	"与"逻辑启动声光报警器	Y2	送风阀关闭	联动/手动控制
X3	手动报警按钮 1 第一次信号		Y3	排风机关闭	联动/手动控制
X4	感温探测器 1 信号		Y4	排风阀关闭	联动/手动控制
X5	火焰探测器 1	"或"逻辑启动联动控制	Y5	通风系统关闭	联动/手动控制
X6	手动报警按钮 2 信号		Y6	空调系统关闭	
X7	区域选择阀动作反馈		Y7	电动门窗关闭	
X8	压力开关动作反馈		Y8	启动气体灭火警报	
			Y9	启动气体灭火装置	

5.2.12 电气火灾监控系统控制

1）电气火灾监控系统组成

电气火灾监控系统安装在配电室和配电箱处，实时检测供电线路干线、次干线的剩余电流，如超过剩余电流报警值立即发出声光报警信号，提示检修，主要用于预防剩余电流引起的电气火灾。考虑电气线路的不平衡电流、线路和电气设备正常的泄漏电流，实际的电气线路都存在正常的剩余电流，只有检测到剩余电流达到报警值时才报警。

电气火灾智能监控系统的基本组成应包括：电气火灾监控装置、剩余电流式电气火灾监控探测器及测温式电气火灾监控探测器。其中，剩余电流式电气火灾监控探测器又由监控探测器和剩余电流互感器（分对插式、闭合式两种）所组成。测温式电气火灾监控探测器由监控探测器和测温传感器所组成。

剩余电流式电气火灾探测系统组成如图 5-16 所示。

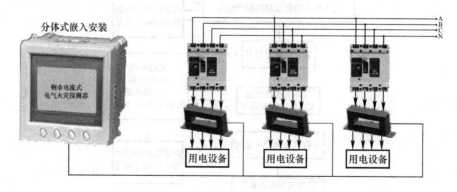

图 5-16　剩余电流式电气火灾探测系统

2）剩余电流式电气火灾监控系统控制要求

（1）剩余电流式电气火灾监控探测器一般设置在第一级配电柜（箱）的出线端。在供电线路正常泄漏电流大于 500mA 时，在其下一级配电柜（箱）设置。电流信号 AI 通过 PLC 装置接入组态控制系统。

（2）选择剩余电流式电气火灾监控探测器时，应考虑供电系统自然漏流的影响，并应选择参数合适的探测器；探测器报警值宜为 300～500mA。

（3）测温式电气火灾监控探测器应设置在电缆接头、端子、重点发热部件等部位。

（4）在无消防控制室且电气火灾监控探测器设置数量不超过 8 只时，可采用独立式电气火灾监控探测器。非独立式电气火灾监控探测器不应接入火灾报警控制器的探测器回路。

5.3　安防防范系统控制

5.3.1　视频安防监控系统控制

1. 视频安防监控系统组成

视频安防监控系统（VSCS）Video Surveillance and Control System，是一个跨行业的综合性保安系统，该系统运用了先进的传感技术、监控摄像技术、通信技术和计算机技术，组成一个多功能全方位监控的高智能化的处理系统。视频安防监控系统因其能给人最直接的视觉、听觉感受，以及对被监控对象的可视性、实时性及客观性的记录，因而已成为当前安全防范领域的主要手段，被广泛应用。

一个完整的视频安防监控系统包括前端设备、传输设备、处理/控制设备和记录/显示设备四部分。

2. 视频安防监控系统监控要求

视频安防监控系统的组态控制，主要包括设备控制、视频的接入与视频信号的控制（播放、存储等），其中难点是视频信号接入的实现。

1）设备控制

（1）控制矩阵视频切换器进行选路、扫描（顺序切换）、各监视器显示内容的分组设定、顺序切换时每路图像的停留时间设定、顺序切换时图像的首路与末路设定、顺序切换时图像的旁路与解除等设置。

（2）对视频监控系统前端云台设备的控制与操作，其中使全方位云台做上、下、左、右、上左、上右、下左、下右以及自动巡视、扇扫等运动；控制高速云台在各方向上的变速运动；控制摄像机镜头进行光圈大小、焦距长短、聚焦远近等变化；控制每台摄像机电源的开启与关闭；控制全天候防尘罩的雨刷、除霜、加温、风扇的启闭；对全方位云台或高速云台设置预置点并调用等。

（3）通过矩阵视频切换器可对每路视频信号在线进行时间、日期、序号、地址等字符信息的修改和设置。

（4）当与入侵报警系统联动时，可对入侵报警系统进行总布防、单布防、撤防等操作。

（5）通过监视器的菜单能进行其他功能的编程与设置等。

2）视频接入

组态软件的视频接入，一般有以下几种方式。

（1）组态软件内部控件实现

组态软件内部控件与通用控件中都提供了对视频采集卡的处理功能。视频采集卡的格式一般为 VFW 格式。

内部控件为多媒体控件中的"视频控件"和"TDM 控件"两种，如图 5-17 所示。

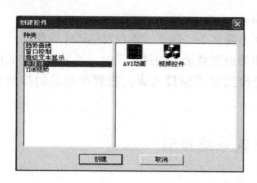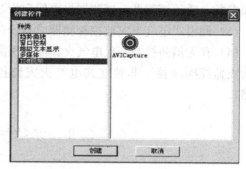

图 5-17　组态软件中的内部视频控件

多媒体－视频控件：只是针对一路视频输入，没有其他设置，使用比较简单。

TDM 视频－AVICapture：此控件也是针对一路视频输入，但是与多媒体－视频控件相比增加了拍摄、摄像、回放等功能。操作比较简单，需要设置保存视频文件的路径，保存图片文件的路径。视频文件只能够是 AVI 格式，文件会比较大。

这两种控件因为只有一路视频输入，并且功能比较简单，所以使用的比较少。

（2）通用控件实现

通用控件中的 Video Control 视频控件主要是为了解决前面提到的两个控件功能不足，即只有一路视频输入的问题。此控件的主要功能是通过调用控件的方法来实现的，如图 5-18 所示。

通过添加功能按钮，可实现打开、关闭、回放、压缩、设置视频源等控制功能。

（3）网视频接入控制

当采用控制网控制设备时，可把数字视频信号直接接入控制网，使设备控制与视频监视在同时实现。

局域网视频接入的关键是视频信号的数字化。实现的方式有两种：

① 采用数字摄像机。

② 采用视频服务器，如图 5-19 所示。

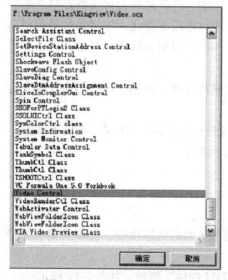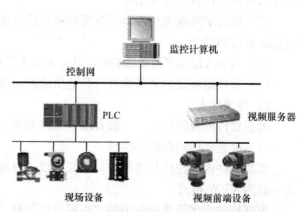

图 5-18　Video Control 控件　　　图 5-19　采用视频服务器把视频信号接入控制网

通过在服务器端调用服务器控件，可以开启或停止网络视频服务，并在控件中同时显示多路视频信号。通过在客户端调用视频控件，可在客户端显示服务器上的视频图像。

另外，通过调用控件的方法、属性和事件，还可以根据需要增加视频录像、回放、抓拍图像、画面分割、图像质量调整等操作，从而使监控软件同时具备专业的数据监控和视频监控功能，同时生成事件报表，以供统计。

5.3.2 入侵报警系统控制

1. 入侵报警系统组成

入侵报警系统是指及时发现非法入侵行为的安全防范系统。当有人非法侵入防范区时，利用各类功能的探测器发现入侵信号，发出报警。

一般的入侵报警系统由前端探测部分、信号传输部分和中心监控部分等组成，如图 5-20 所示。

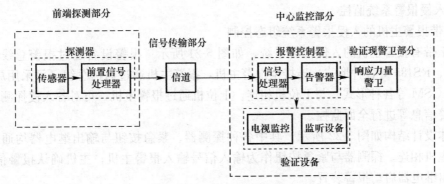

图 5-20 入侵报警系统组成

1) 探测器

探测器是指在需要防范的场所安装的能感知出现危险情况的设备。探测器定义为：探测入侵者移动或其他动作的电子、机械部件所组成的装置。探测器通常由传感器和前置信号处理两部分组成，传感器是核心。简单的探测器仅有传感器而没有前置信号处理器。

入侵者在实施入侵时总要发出声响、产生振动波、阻断光路，对地面或某些物体产生压力，破坏原有温度场发出红外光等物理现象，传感器则是利用某些材料对这些物理现象的敏感性而将其转换为相应的电信号和电参量（电压、电流、电阻、电容等），然后经过信号处理器放大、滤波、整形后成为有效的报警信号，并通过传输通道传给报警控制器。

实际使用的入侵探测器的种类繁多。要完全严格的分类有时也会发生困难，叙述起来也会有较多的重复。不过从不同角度和侧面进行分类，是有利于从整体上认识它和掌握它的。常见探测器分类如表 5-13 所示。

入侵探测器分类 表 5-13

分类标准	探测器种类
可探测的物理量	磁控开关探测器、震动探测器、声探测器、超声波探测器、电场探测器、微波探测器、红外探测器、激光探测器、视频运动探测器、双技术（或称双鉴、复合）探测器
工作方式	主动式探测器，被动式探测器
警戒范围	点控制探测器、线控制探测器、面控制探测器、空间控制探测器
应用场合	室内探测器，室外探测器
工作原理	机电式探测器、电声式探测器、电光式探测器、电磁式探测器

2）信道

信道是传输信号的媒介，包括有线信道和无线信道两种方式。

有线传输是探测电信号由传输线（无论是专用线或借用线）来传输的方式，这是目前大量采用的方式。

无线传输是探测电信号由空间电磁波来传输的方式。在某些防范现场很分散或不便架设传输线的情况下，无线传输有独特作用。为实现无线传输，必须在探测器和报警控制器之间，增加无线信道发射机和接收机。

需要指出的是，有线传输和无线传输，仅仅是按传输信道（或传输方式）的分类，任何探测器都可与之组成有线或无线报警系统。

3）控制器

控制器接收由信道传来的危险信号而发出报警，同时向探测器发出指令。

2. 入侵报警系统监控

1）带报警主机的入侵报警系统组态控制

对于带有报警主机的入侵报警系统，如图 5-21 所示。报警设备通过报警总线（可采用 CAN、RS485 等各种形式）连接至报警主机，报警主机通过通信总线（可采用局域网、PSTN、GSM 等各种形式）与上位机相连。上位机通过报警主机，可对各入侵探测器的状态、报警信息等进行全面监控。

总体设计结构如图 5-22 所示。其中各种探测器、紧急按钮与输出继电器均通过总线与报警主机相连。探测器与紧急按钮作为输入信号输入报警主机；主机确认报警信息后，通过输出继电器启动报警装置。

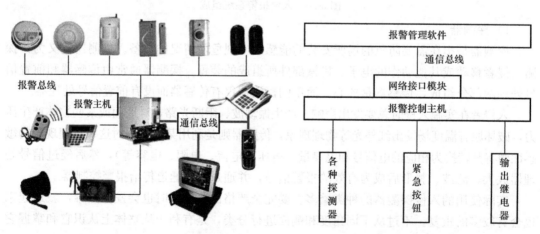

图 5-21 带报警主机的入侵报警系统　　　　图 5-22 带报警主机的入侵报警系统

报警控制主机与上位机的通信联系：因为工控组态软件能够提供不同设备的通信驱动程序，能够方便实现上位机与报警主机之间的通信。

管理软件设计时，除一般的通信、报警等功能外，重点要注意两点：

（1）系统及各组件具有"布防""撤防"功能

即根据实际情况，使系统处于"工作"或"不工作"的状态。例如办公区域室内布置的红外报警探测器，在工作时间可设置为"撤防"状态，不工作；非工作时间设置为"布防"状态，正常工作。布防、撤防的设置，可通过时间段控制或人工手动控制等。

（2）报警记录设置

报警记录分为两个组件：组态系统和运行系统。报警记录的组态系统为报警记录编辑器。报警记录定义显示何种报警、报警的内容、报警的时间。使用报警记录组态系统可对报警消息进行组态，以便将其以期望的形式实施在运行系统中。报警记录的运行系统主要负责过程值的监控、控制报警输出、管理报警确认。

2）不带报警主机的入侵报警系统组态控制

现在绝大部分报警探测器带总线功能，可利用这一功能组成不带报警主机的入侵报警系统，即把入侵报警探测器直接接入控制总线接入上位机；通过上位机中组态软件的报警设置功能，监视和控制整个报警网络，如图 5-23 所示。

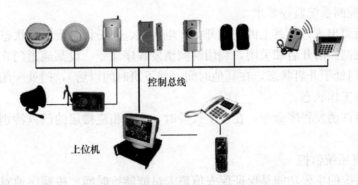

图 5-23 不带报警主机的入侵报警系统

其余设计与带控制器的系统类似。

5.3.3 出入口控制系统、电子巡查系统的控制

1. 出入口控制系统

1）出入口控制系统的控制方式与结构

出入口控制系统采用微电子技术、测控技术、机电一体化技术、计算机网络技术及人工智能技术和通信技术，为建筑物的出入通道提供高效的智能化管理，对进出建筑物、进出建筑物中某一区域或进出建筑物中特定房间的人员进行识别和控制，使大楼内的人员只能在其被授权的区域进出，为防范从正常通道的侵入提供了保证，因而也叫门禁系统。该系统可为每个用户设一个独立的密码信息，可以通过软件系统建立或取消其使用权，并可根据大楼内员工卡在门禁控制点上的读写数据，实现考勤管理的自动化，为企业的人事管理提供可靠的依据。

通常对出入口实行控制的方式有三种，第一种方式是只进行监视。即在需要了解其通行状态的门上安装门磁开关（如办公室门、通道门、营业大厅门等），当通行门开/关时，安装在门上的门磁开关，会向系统控制中心发出该门开/关的状态信号，同时，系统控制中心将该门开/关的时间、状态、门地址等，记录在计算机硬盘中。另外也可以利用时间诱发程序命令，设定某一时间区间内（如上班时间），被监视的门无需向系统管理中心报告其开关状态，而在其他的时间区间（如下班时间），被监视的门开/关时，或门未正常关闭，则向系统管理中心报告，同时记录。

第二种方式是直接控制，即在需要监视和控制的门（如楼梯间通道门，防火门等）上，除了安装门磁开关以外，还要安装电动门锁，系统管理中心除了可以监视这些门的状态外，还可以直接控制这些门的开启和关闭。另外也可以利用时间诱发程序命令，设某通道门在一个时间区间（如上班时间）门处于开启状态，在其他时间（如下班时间以后），门处于闭锁状态。或利用事件诱发程序命令，在发生火警时，联动相应楼层的门（特别是防火门）立即开启。

第三种方式集监视、控制和身份识别功能于一身，在重点防护区（如金库门、主要设备控制中心机房、计算机房、配电房等）的出入口处，除了安装门磁开关、电控锁之外，还要安装身份识别装置或密码键盘等出入口控制装置，由中心控制室监控，采用计算机多重任务处理，对各通道的通行人员及通行时间进行实时控制或设定程序控制，并将所有的活动用打印机或计算机记录，为管理人员提供系统所有运行的详细记录。

2）出入口控制系统监控要求

（1）监视重要出入口及其上的门磁开关、电控锁、身份识别装置的状态。

（2）直接控制门的开启和关闭，利用时间诱发程序命令，设某通道门在一个时间区间（如上班时间）门处于开启状态，在其他时间（如下班时间以后），门处于闭锁状态。控制身份识别装置的工作状态。

（3）利用事件诱发程序命令，在发生火警时，联动相应楼层的门（特别是防火门）立即开启。

2. 电子巡查系统监控

电子巡查系统的主要功能是保证保安值班人员能够按时间、按顺序地对建筑物的电子巡查点进行巡视，在巡查过程中发生意外能及时报警。

电子巡查系统按信息传递方式分为有线系统和无线系统。

有线电子巡查系统由计算机、信息收集装置、前端控制器、电子巡更开关等设备组成。一般巡更点设置在主要出入口、主要通道、各紧急出入口、主要部门等处，巡查人员按指定路线与时间到达巡更点并触发巡更开关，巡更点将信号通过前端控制器及网络收发器送到系统管理中心的计算机。

无线电子巡查系统由数据处理工作站、数据采集器和巡检钮三部分组成。工作时，电子巡查人员手持数据采集器，按指定的巡更路线与时间巡逻，每到达一个巡更点，通过数据采集器读取巡更点数据（巡检时间及地点），巡更结束后将采集器插入通信座，所有巡检情况自动下载至计算机中，根据不同要求生成巡检报告，并可查询、打印每个巡更人员的巡检情况。

5.4 简单公共安全系统组态监控设计

5.4.1 视频安防监控系统设计概述

1. 视频安防监控系统监控方式

使用组态软件控制视频监控系统，可以采用以下几种方式：

1）在组态软件中插入远程网络视频控件进行监控。

2）组态软件与视频安防主控设备联网，调用相关图像和数据。

3）使用视频控制控件进行监控。

视频控制控件进行监控时，具体监控要求如下：

（1）建筑内的球形摄像机、固定摄像机、半球摄像机分别采用不同的图元形状加以区别。

（2）设置图像显示窗口。若摄像机数量较少，可采用每个摄像机单独设置一个显示窗口的方式；若摄像机数量较多，一般采用扫描方式（各摄像机画面轮流显示）。

（3）点击摄像机的"显示"按钮，能看到各摄像机拍摄的图像，点击"关闭"按钮，摄像机图像关闭。

（4）半球摄像机只能查看图像。球形摄像机可通过控件，实现摄像机的朝向控制，并可预置若干监视位置；同时通过控件，还可控制摄像机镜头的光圈与焦距等。

（5）设置"保存"按钮，点击按钮可保存各摄像机的图像。

（6）设置"回放"按钮，点击按钮可回放已保存的图像。

2. 安防视频监控系统设计流程

具体设计流程与其他系统的设计流程类似。

1）工程建立

2）定义 I/O 设备

组态软件把那些需要与之交换数据的设备或程序都作为外部设备。只有在定义了外部设备之后，组态软件才能通过 I/O 变量和它们交换数据。为方便定义外部设备，组态软件设计了"设备配置向导"，引导用户逐步完成设备的连接。

视频监控系统中 I/O 通过设备接入完成。

3）数据库建立

数据库是"组态软件"软件的核心部分，工业现场的生产状况要以动画的形式反映在屏幕上，操作者在计算机前发布的指令也要迅速送达生产现场，所有这一切都是以实时数据库为中介环节，所以说数据库是联系上位机和下位机的桥梁。在 Touch View 运行时，它含有全部数据变量的当前值。变量在画面制作系统组态软件画面开发系统中定义，定义时要指定变量名和变量类型，某些类型的变量还需要一些附加信息。

4）图形窗口的创建

控制系统界面设计，包括视频窗口及控制按钮界面。在工程浏览器中建立新画面，从图库中选择合适的图库精灵并建立好动画连接，创建控制系统画面。

5.4.2　视频安防监控系统设计

1. 使用网络视频控件控制

1）以海康威视摄像机为例，在组态软件中插入服务器、客户端图像控件，浏览图像。

在视频服务器端口，打开组态软件开发系统的画面，在画面开发系统的"编辑"菜单下选择"插入通用控件"或者在工具箱中选择"插入通用控件"图标，在弹出的控件列表中选择 CKvVideoHaikanServer Control，如图 5-24、图 5-25 所示，点击确定，在画面中加入该控件。

该控件提供 2 个控件方法来实现网络视频服务的启动和停止。

方法 Method_Start_Server（LONG port1、LONG port2）：

在组态软件中调用该方法可以启动网络视频服务，并在控件中显示 4 路视频图像。

参数 port1 和 port2 为端口号，LONG 型，取值范围为 5000～60000 之间的整数。注意 port1 和 port2 的数值不能相同。

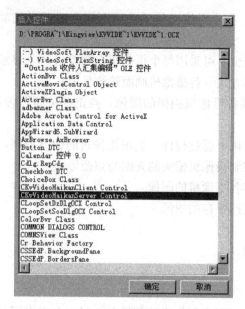

图 5-24　插入服务器端控件

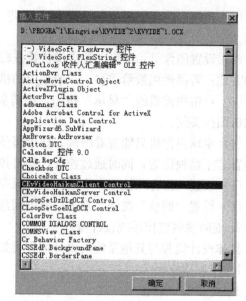

图 5-25　插入客户端控件

4 路视频图像可同时显示在一个控件中。用鼠标双击某一路视频图像，则可将该路视频放大显示。鼠标双击放大显示后的视频图像，则可还原成 4 路图像显示。

方法 Method_Stop_Server ()：

在组态软件中调用该方法可以停止网络视频服务。

2）视频客户端，在组态软件的开发系统画面中加入"CkvVideoHaikanClient Control"控件，如图 5-25 所示。

该控件有 2 个控件方法：获取网络视频和停止获取网络视频。

Method_Start_Client (STRING ip、LONG port1、LONG port2、LONG video_channel_id、LONG link_type、LONG delay_type)：

在客户端的组态软件中调用该方法可以获取服务器端的网络视频，并在控件中显示获取的视频图像。

参数 IP 为视频服务器端机器的 IP 地址，如 192.16.1.24，字符串类型。

参数 port1 和 port2 的数值必须与服务端视频控件方法 Method_Start_Server (LONG port1、LONG port2) 中的 port1 和 port2 保持一致。

参数 video_channel_id 为服务器端视频的通道号，取值范围为：0，1，2，3。

参数 link_type 为固定值 1。

参数 delay_type 为固定值 3。

Method_Stop_Server ()：在组态软件中调用该方法可以停止获取网络视频。

2. 使用远程视频控制控件进行监控。

1）连接网络摄像头

把电脑 IP 与摄像头 IP 改为同一网段内。例如摄像头 IP 为 192.0.0.64，把电脑改为同一网段。

2）注册海康威视摄像头 OCX 控件

在文件上右键点击打开方式，找到 regsvr32.exe 点击打开，再点击确定。如图 5-26

所示。

（3）在工程画面中点击插入通用控件

选择插入 NetVideoActiveX23 控件，如图 5-27 所示。

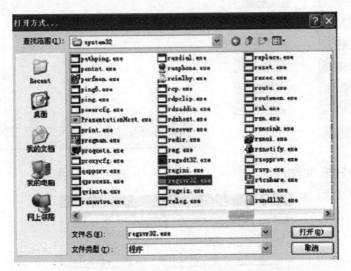

图 5-26 注册 OCX 控件

（4）添加控制按钮。

如图 5-28 所示，插入控制按钮。

图 5-27 插入网络视频控件

图 5-28 插入控制按钮

（5）更改字符串为需要显示文字，如图 5-29 所示。

（6）设置动画连接属性，如图 5-30 所示，在命令语言页面输入命令，保存画面。

（7）点击开发画面中文件——切换到 View，打开运行画面，点击登录，开始预览，如图 5-31 所示，即可显示摄像头监控画面。

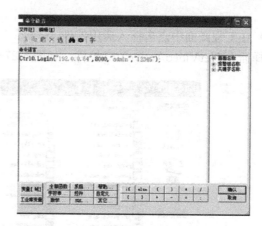

图 5-29　更改字符串　　　　　　　　　　　图 5-30　连接动画

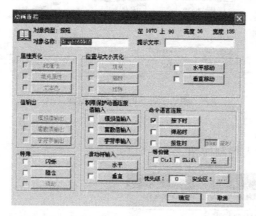

图 5-31　动画连接

3）使用通用控件控制

（1）插入通用控件 Video Control，如图 5-32 所示。

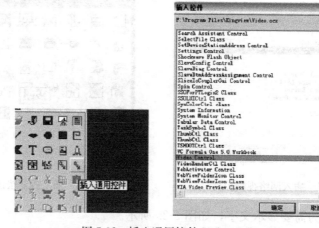

图 5-32　插入通用控件 Video Control

（2）建立监控画面，插入按钮，更改字符串，如图 5-33 所示。

（3）设置视频控件动画连接属性，如图 5-33 所示。

（4）设置按钮动画连接属性。

（5）切换到 View，打开运行画面，登录，开始预览，即可显示摄像头监控画面。

（6）生产查询历史报表同时选中所需按钮和历史报表，用工具箱中"打成单元"工具，将按钮和历史报表打成单元。设置动画连接，选择触敏动作，输入脚本程序即可。

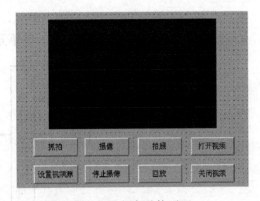

图 5-33　视频监控画面

5.4.3　火灾报警系统监控设计

火灾报警系统需要监控的内容较为复杂。我国的消防相关管理规定要求，消防控制设备本身必须具有完善的控制系统，且要求其他系统不能影响消防系统的运行。因此一般对火灾自动报警系统是"只监不控"，即可以通过组态系统实时了解火灾报警系统的运行状态。火灾报警及联动系统的设备本身运行状态异常或火灾探测器发现火灾信号时，可以发出报警信号；但对火灾信号的判断处理、联动设备启动信号的发出等，必须由火灾报警控制装置本身完成。因此，火灾报警系统监控系统的设计可以考虑以下几种方式。

1. 设计一套火灾报警系统的监视系统。监视系统通过 PLC 装置或现场传感器可以监视各个设备的工作状态，也可以显示火灾探测器、各种报警按钮的报警信号，但不能对信号进行处理。

此时，通过 PLC 控制器把外部报警信号及各种设备的状态信号、反馈信号接入组态系统，并在组态系统中显示出即可。

相关的设计流程可以参考类似报警系统的设计。

2. 连接报警控制器。消防报警系统厂商一般会提供一个开放的通信接口，如 RS－232 或 RS－485 接口，同时应提供数据的表达格式。组态系统通过通信，可以接收到控制设备所感知的重要报警信号，并在画面上显示出来。

3. 设计完整的火灾报警控制系统。对于一些特殊建筑的火灾报警系统，经过专家论证，可以与其他系统集成（如超高层建筑）或单独设计（如工艺复杂的车间等）。此时，需要按前述控制要求进行全面的监视、控制设计并设计相应的数据库与报表。

1）组态设计一个楼宇的集中火灾报警控制监视画面。主要内容如图 5-34 所示。

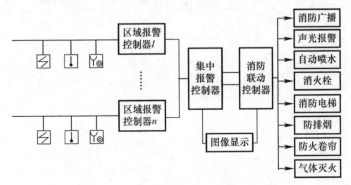

图 5-34　火灾报警与消防联动控制系统监控画面内容

2) 把整个报警系统划分成若干单元，主要有报警输入单元、防护卷帘控制单元、防火门控制单元、消火栓控制单元等。各单元的控制图如图 5-35 所示。

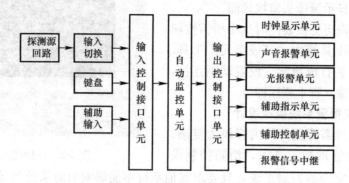

图 5-35　报警输入单元控制图

3) 设置主控画面，设置按钮，连接动画如图 5-36 所示。
4) 设置数据库、设计报表。
5) 运行控制系统。

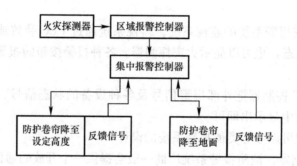

图 5-36　防火卷帘联动控制图

第6章 建筑物信息设施系统

6.1 建筑物信息设施系统概述

建筑物信息设施系统（Information Facilities in the Buildings，IFB）是智能建筑中最基础的系统，其主要作用是对建筑群内外的各种信息进行接收、交换、传输、处理、存储、检索及显示。《智能建筑设计标准》GB 50314—2015 将其定义为：为确保建筑物与外部信息通信网的互联及信息畅通，对语音、数据、图像和多媒体等各类信息予以接收、交换、传输、存储、检索和显示等；宜融合信息化所需的各类信息设施，并为建筑的使用者及管理者提供信息化应用的基础条件。

人通过耳、目、鼻、口、身感知外界的各种信息，因而信息呈现的形式必须是可视、可闻、可感的。与此类似，建筑物通过信息设施系统感知建筑物内外的信息，主要包括声音、图形和图像、及多媒体信息。根据国家有关标准、规范，建筑物信息设施系统宜由以下系统构成。

(1) 通信接入系统。

(2) 综合布线系统。

(3) 移动通信室内信号覆盖系统。

(4) 卫星通信系统。

(5) 用户电话交换系统。

(6) 无线对讲系统。

(7) 信息网络系统。

(8) 有线电视系统及卫星电视接收系统。

(9) 公共广播系统。

(10) 会议系统。

(11) 信息引导及发布系统。

(12) 时钟系统。

本节根据国家设计标准的具体要求，结合智能建筑系统工程建设运营的实际情况，将建筑物中信息设施系统划分为十二项，如图6-1所示。以上所提及的室内移动通信覆盖系统和卫星通信系统被纳入到通信接入系统中。

目前我国已颁发了有关建筑物信息设施系统相关技术和工程设计及工程验收标准和规范。在进行建筑物信息工程设计时应严格遵循这些国家或行业的标准、规范，特别是标准和规范中的强制条文，必须严格执行。当前有关信息设施系统的标准和规范详见表6-1。新的标准和规范将会陆续颁发，现有的标准和规范也会定期修订。一旦新的标准、规范推出或现有标准、规范进行了修订，必须按照新版和修订后的执行。

建筑物信息设施系统

电话通信系统				计算机网络系统		接入网系统			广播系统		有线电视系统		会议系统		信息导引系统	信息发布系统	时钟系统	机房系统
用户电话交换机	虚拟交换系统	软交换系统	无线局域网	局域网	综合布线系统	有线接入网	无线接入网	三网合一	公共广播	紧急广播	有线电视	卫星电视接收	数字会议	视频会议				

图 6-1　现阶段智能建筑系统中的信息设施系统

有关建筑物信息设施系统的现行部分国家和行业标准、规范一览表　　　表 6-1

系统名称	标准、规范名称及编号	最新年号	类型
智能建筑	智能建筑设计标准 GB 50314	2015	工程设计
电话交换系统	用户电话交换系统工程设计规范 GB/T 50622	2010	工程设计
	用户电话交换系统工程验收规范 GB/T 50623	2010	工程验收
计算机网络系统	以太网交换机技术要求 YD/T 1099	2013	技术
	具有路由功能的以太网交换机技术要求 YD/T 1255	2013	技术
	信息技术系统间远程通信和信息交换局域网和城域网特定要求 第3部分：带碰撞检测的载波侦听多址访问（CSMA/CD）的访问方法和物理层规范 GB/T 15629.3	2014	技术
	防火墙设备技术要求 YD/T 1132	2001	技术
	基于以太网技术的局域网（LAN）系统验收测评方法 GB/T 21671	2018	工程验收
	信息技术系统间远程通信和信息交换局域网和城域网特定要求 第八部分：无线局域网媒体访问控制和物理层规范：5.8GHz 频段高速物理层扩展规范 GB 15629.1101	2006	技术
	2.4GHz 频段更高数据速率扩展规范 GB 15629.1104	2006	技术
综合布线系统	综合布线系统工程设计规范 GB 50311	2016	工程设计
	综合布线系统工程验收规范 GB/T 50312	2016	工程验收
通信接入网系统	3.5GHz 固定无线接入工程设计规范 YD/T 5097	2005	工程设计
	无线通信室内覆盖系统工程设计规范 YD/T 5120	2015	工程设计
	住宅区和住宅建筑内光纤到户通信设施工程设计规范 GB 50846	2012	工程设计
广播系统	公共广播系统工程技术标准 GB/T 50526	2021	技术
有线电视系统与卫星电视接收系统	有线电视网络工程设计标准 GB/T 50200	2018	工程设计
	有线电视广播系统技术规范 GY/T 106	1999	技术
	C 频段卫星电视接收站通用规范 GB/T 11442	2017	技术

续表

系统名称	标准、规范名称及编号	最新年号	类型
会议系统	会议电视会场系统工程设计规范 GB 50635	2010	工程设计
	基于 IP 网络的视讯会议系统总技术要求 GB/T 21639	2008	技术
	红外线同时传译系统工程技术规范 GB 50524	2010	工程设计
	会议电视系统工程验收规范 YD/T 5033	2018	工程验收
	厅堂扩声系统设计标准 GB/T 50371	2006	技术
信息导引、发布系统	视频显示系统工程技术规范 GB 50464	2008	工程设计
	视频显示系统工程测量规范 GB/T 50525	2010	工程验收
信息机房系统	数据中心设计规范 GB 50174	2017	工程设计
	数据中心基础设施施工及验收规范 GB 50462	2015	工程验收
	建筑物电子信息系统防雷技术规范 GB 50343	2012	技术
	建筑物防雷设计规范 GB 50057	2010	技术
	通信局（站）电源系统总技术要求 YD/T 1051	2018	技术
	电信设备安装抗震设计规范 YD 5059	2005	工程设计
	通信建筑工程设计规范 YD 5003	2014	工程设计

智能建筑技术的蓬勃发展，使建筑物中信息种类日益繁多、信息量越来越大，从而对信息设施系统要求越来越高；随着大数据、工业 4.0 时代的到来，对建筑物中各个参数地获取、分析挖掘与应用显得日益重要。本章结合智能建筑中的信息设施系统有关标准和规范，基于组态软件，对建筑物信息设施的部分子系统参数进行监控。在 6.2 节中，将介绍几个相关子系统的基本构成、主要功能及主要监控参数，在 6.3 节中，通过仿真实例详细说明建筑物信息设施系统监控系统的设计。

6.2　建筑物信息设施系统

如前所述，本节将简要介绍建筑物信息设施系统中的用户电话交换系统、计算机网络系统、综合布线系统、有线电视系统和卫星电视接收系统、公共广播系统与紧急广播系统等系统的系统构成、主要功能，分析各个子系统所需的主要监控参数；通过组态软件设计各个子系统的监控系统。

6.2.1　用户电话交换系统

1876 年美国人贝尔发明电话之后，电话交换技术一直处于飞速发展之中。电话交换系统从早期人工式、机械式、电子式交换阶段，发展成为如今以计算机程序控制为主的程控数字交换阶段，不仅实现了数字语音通信，还能实现传真、数据、图像通信，构成了综合业务数字通信网。

1）程控电话交换机的基本组成

早期的用户电话交换系统以电话程控交换机为基础和特征。用户电话交换机具有两大功能：完成单位内部用户的相互通话；通过出入中继线与公用电话网（PSTN，Public Switched Telephone Network）相连接。程控电话交换机基本组成，如图 6-2 所示。

用户电话交换机的主要任务是实现用户间通话的接续，主要由两大部分组成：话路设备和控制设备。话路设备主要包括各种接口电路（如用户线接口和中继线接口电路等）和交换网络；控制设备在程控交换机中包括中央处理器（CPU）、存储器和输入/输出设备。程控电话交换机（Private Automatic Branch Exchange）实质上是采用计算机进行"存储程序控制"的交换机，它将各种控制功能和方法编成程序存入存储器，通过对外部状态的扫描数据和存储程序来控制，管理整个交换系统的工作。

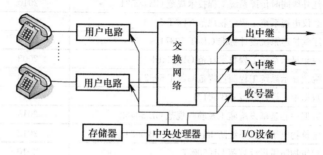

图 6-2　程控交换机基本组成

随着社会经济的发展，人们的需求已经从进行本地通话发展到要求与世界各地进行通话，形成把各地的电话连接起来的电话通信网。按电话使用范围分类，电话网可分为本地电话网、国内长途电话网和国际长途电话网。目前我国电话网分为 5 级。其中，C1 为大区中心局，C2 为省中心局，C3 为地区中心局，C4 为县中心局，C5 为本地网端局，如图 6-3 所示。

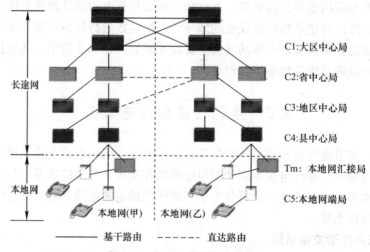

图 6-3　我国电话网的分级结构

图 6-3 中，C2 为省交换中心，负责汇接所在省的省际长途来去电话和所在本地网的长途终端话务。C2 一般设在省会城市，若话务量高，可以在同一城市设置两个或两个以上C2。C3 为长途交换中心，通常设在地（市）本地网的中心城市，用于汇接所在本地网的长途终端话务，在有高话务量要求时，同一城市还可设置两个以上的 C3。

2）IP 电话

VoIP（Voice Over IP，又称 IP 网络电话）是利用计算机网络进行语音（电话）通信的技术，它不同于一般的数据通信，对传输有实时性的要求，是一种建立在 IP 技术上的分组化、数字化语音传输技术。从技术观点来看，在整个语音通信进程中，部分或全程采用分组交换技术，通过 IP 网络来进行的语音传输技术；其本质特征在于语音分组交换技术。IP 电话把普通电话的模拟信号转变为数字语音信号，通过语音压缩算法对语音数据进行压缩编码处理，然后把这些语音数据按 IP 协议进行打包，通过 IP 网络把数据包传输到目的接收端，经过解码解压处理恢复成原来的模拟语音信号，从而达到用 IP 网络进行语音通信的目的。

IP 电话的基本结构由网关（GW，gateway）和关守（GK，gatekeeper）两部分构成。网关主要实现信令处理、H.323 协议处理、语音编解码和路由协议处理等功能，对外可提供与 PSTN 网连接的中继接口以及与 IP 网络连接的接口。关守的主要功能是用户认证、地址解析、安全管理和区域管理、带宽管理、路由管理。一个典型的呼叫过程是：呼叫由 PSTN 语音交换机发起后通过中继接口接入到网关，网关获得用户呼叫的被叫号码后，向关守发出查询信息查找被叫关守的 IP 地址，并根据网络资源情况来判断是否应该建立连接。如果可以建立连接，则将被叫关守的 IP 地址通知给主叫网关，主叫网关在得到被叫关守的 IP 地址后通过 IP 网络与对方网关建立起呼叫连接，被叫侧网关向 PSTN 网络发起呼叫并由交换机向被叫用户振铃，被叫摘机即被叫侧网关和交换机之间的话音通道被连通，网关之间则开始利用 H.245 协议进行交换来确定通话使用的编解码，此后主被叫方即可开始通话。IP 电话结构图，如图 6-4 所示。

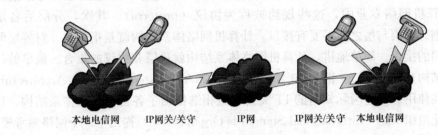

图 6-4　IP 电话结构图

3）软交换技术

在《软交换设备总体技术要求》YD/T 1434—2006 中，对于软交换设备的定义是：它是电路交换网络向分组网演进的核心设备，也是下一代电信网络的重要设备之一。软交换是互联网进化过程中因特网与电话交换网络充分融合的一种新兴技术，将成为下一代网络（NGN）一种最基本的技术。它独立于底层承载协议，主要完成呼叫控制、媒体网关接入控制、资源分配、协议处理、路由、认证、计费等主要功能，并可以向用户提供现有电路交换机所能提供的业务及多样化的第三方业务。

软交换的概念是从 IP 电话的基础上逐步发展起来的。早期的 IP 电话网关都是集成型网关，这个网关的缺点是设备复杂、扩展性差，不利于组建大规模电信级的 IP 电话网络。为了克服这种缺陷，互联网工程任务组（IETF）在 RFC2719 中提出了一个网关分解模型，将网关的模型分解为信令网关（SG）、媒体网关（MG）、媒体网关控制器（MGC）3 个功能实体，如图 6-5 所示。

这三个功能实体的作用分别为：

（1）媒体网关（MG）：负责电路交换网和分组网络之间媒体格式的转换。

（2）信令网关（SG）：负责信令转换，即将电路交换网络的信令消息转换成分组网络中的传送格式。

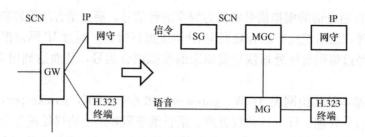

图 6-5　网关功能分解模型

（3）媒体网关控制器（MGC）：负责根据收到的信令控制媒体网关的连接建立与释放、控制媒体网关内部的资源等。

6.2.2　计算机网络系统

1）智能建筑中的计算机网络技术

智能建筑中的计算机网络主要作用就是实现建筑中任意终端之间的通信问题。这是一个非常复杂的事情，为此，计算机网络系统的构建往往采用分层结构进行设计。众所周知，不同实体之间的通信需要有通信规约。层次化后的对应层之间便有相应的规约。在计算机网络专业中，这些规约被称为协议（protocol）。其次，分层后各层之间应有功能划分，层与层之间需要有接口。计算机网络体系结构就是指分层、对等层间协议及上下层间的接口。简单地讲，计算机网络体系结构就是层和协议的集合。最早的计算机网络体系结构是 IBM 在 20 世纪 70 年代提出的 SNA（System Network Architecture），并且现在仍在使用。一些国际知名的 IT 大公司也相继推出了各自的网络体系结构。1983年国际标准化组织 ISO（International Standards Organization）提出了一个网络参考模型，称为开放系统互连（Open System Interconnection-Reference Model，OSI-RM）。该体系结构是一个七层结构模型，如图 6-6 所示。物理层的功能就是信道上比特流的传输，为传输的比特流建立规则。物理层信息传输单位为比特（bit）。物理层涉及通信接口的机械、电气和时序特性，与传输介质如双绞线，同轴电缆、光纤和无线电频段密切相关。数据链路层的功能是在两个直接相连的线路（链路）上实现数据无差错传输，为达到此目的，信

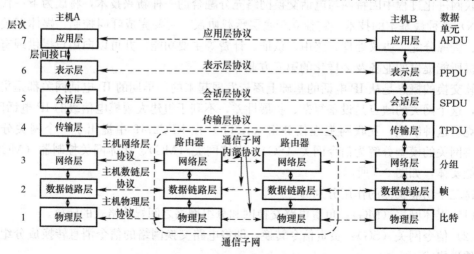

图 6-6　OSI-RM 模型体系结构

息是以帧为单位进行传输的。在该层还要处理流量控制和共享信道的访问控制事宜。网络层的功能主要是路由选择和网络拥塞控制，信息的传输和处理单位称为分组（Packet）或包。

传输层主要功能是实现网络中的两个计算机主机用户进程间无差错、高效地传输，提供可靠的端到端通信服务。会话层功能是为网络中需要进行数据发送和接收的计算机主机用户建立会话联系并管理会话。表示层的功能是完成被传输的信息的抽象表示和解释，包括格式变换、数据编码、加密/解密和压缩/解压缩等。应用层负责处理计算机主机用户的各种网络应用业务，如电子邮件、WEB浏览、文件传输、网络聊天和电子商务等。目前应用最为普遍的是TCP/IP体系结构，又称Internet体系结构。TCP/IP网络体系结构来源于ARPANET，于1974年提出，结构如图6-7所示。它是一个四层结构。

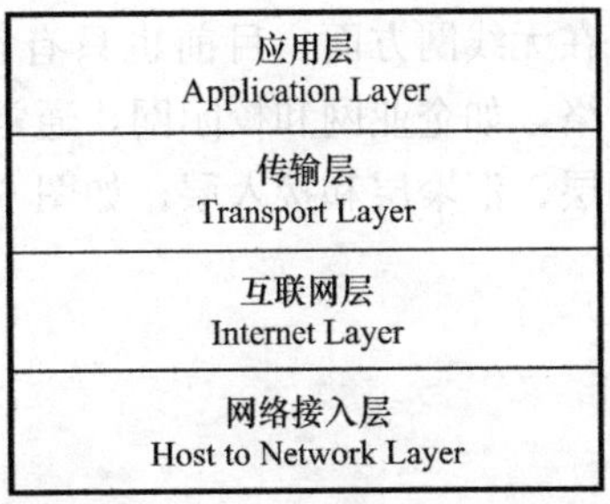

TCP/IP结构的最下面一层称为主机至网络层，或网络接入层。但实际上这一层未被定义，没有规定任何协议，只是要求能够提供给其上层网络互连层一个访问接口，以便在其上传递IP分组。互联网层是该体系结构中极为关键的部分，定义了分组的格式和协议，即IP协议。它的功能是使主机可以把分组发往任何网络，并使分组能够独立地经由不同的网络到达目的地。传输层的功能与OSI-RM中的传输层功能相同。在这一层有三个端-端传输

图 6-7　TCP/IP 网络体系结构

协议，即TCP（Transport Control Protocol，传输控制协议）、UDP（User Datagram Protocol，用户数据报协议）和SCTP（Stream Control Transport Protocol，流控制传输协议）。TCP是一个可靠的、面向连接的协议，提供无差错传输服务，并具有流量控制机制；UDP是一个不可靠的、无连接协议，提供准实时传输业务；SCTP是2000年新定义的，是一个面向连接的协议。它对TCP的缺陷进行了一些完善，具有适当的拥塞控制、防止泛滥和伪装攻击、更优的实时性能和多归属性支持。应用层包括各种高层协议，如DNS（Domain Name System，域名系统）、SMTP（Simple Mail Transfer Protocol，简单邮件传输协议）、FTP（File Transfer Protocol，文件传输协议）、TELNET（远程登录协议）等。TCP/IP网络体系结构尽管不是标准化机构提出的标准，但由于应用范围广，用户众多，因而成为事实上的国际标准。

2）智能建筑中的计算机网络拓扑结构

在智能建筑中典型的计算机网络拓扑包括总线型拓扑、星形拓扑、环形拓扑和树形拓扑。总线拓扑中所有的计算机通过一根总线连接起来。在这种拓扑中，任何一台计算机发送的信号，可以被网络中的所有计算机接收。因此总线拓扑的网络信道是广播信道。总线拓扑的网络具有结构简单，传输距离较大，线缆用量少的特点。其不足是接入新的点不够方便，连接器用量多造成传输的可靠性低，往往一个点出故障影响整个网络的通信。

星形拓扑中，有一个中心结点，其他结点之间的通信需经过中心结点的转发，因此星形拓扑网络一般是点一点通信信道。星形拓扑既可以应用在局域网中，也可以应用在广域网中。星形拓扑结构的网络具有便于集中管理和增减网络结点（计算机）的特点，而且除中心结点之外的其他结点出现故障时不会影响整个网络。但是星形拓扑网络对中心结点的

可靠性和传输处理能力要求高。

环形拓扑中，各结点依次相连，组成一个闭合的环。通信信道采用点—点传输形式，结构本身具有链路容错功能。目前城域网 MAN 和蜂窝移动通信网中的基站多采用这种拓扑结构。

树形拓扑是一棵倒置的树，根在上，枝在下。树形拓扑可以看作是多层星形拓扑的集成或扩充。在树形拓扑中，传输信道是点—点形式的，并且是在相邻的两层之间进行信息传输，同层次之间没有直接的信息交换。树形拓扑是较大规模的局域网和广域网经常采用的拓扑形式。

3）智能建筑中的计算机网络构成

智能建筑的信息网络系统一般包括有线局域网和无线局域网。在有线网方面，当今以太网技术一统天下，几乎是网络技术的唯一选择。设计时需要考虑网络传输速率（带宽）和传输介质；当网络结构比较复杂，选择层次化的网络设计时，需要对各层的连接方式和传输带宽进行设计，包括光缆和铜缆的选择、线缆类别和传输速率、传输距离的确定等。在无线网方面，目前也只有符合 IEEE802.11 系列标准的技术可选。对于规模较大的网络，如企业网和校园网，通常采用分层网络结构。网络分为三层，自上而下分别是核心层、汇聚层和接入层，如图 6-8 所示。

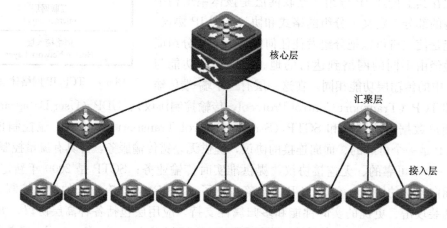

图 6-8　分层网络结构

核心层构成网络的一级主干，传输带宽最宽，现阶段至少是千 kMbps 量级；接入的站点较少，主要功能是负责网络间的优化传输，完成数据流的快速转发和实现业务服务器的高速接入。对核心层网络交换机的配置要求是高速网络端口，一般采用光纤接口形式，以便与下一层网络设备相连，少量的铜缆接口与服务器等主机相连。对于具有路由功能的核心交换机，还需根据与当地 ISP 商定的结果配置 WAN 接口。汇聚层构成网络的二级主干，它介于核心层和接入层之间。在规模较小的网络系统中经常不设置该层。在校园网中，各教学楼或学生宿舍楼连接到核心交换机或主干网的交换机便是汇聚层交换机，汇聚层交换机构成了网络的汇聚层。汇聚层与核心层的连接多为光纤链路，与接入层的连接多采用双绞线传输链路。接入层负责用户终端设备的接入。因此，接入层交换机的特点是端口密度大，各端口的速率通常不会太高，现阶段仍然以 100Mbps 居多，其上连汇聚层交换机的端口速率一般要比普通端口高一个数量级。为满足用户设备的接入，在用户设备较多的场合，会将若干接入交换机级联起来使用。

6.2.3　综合布线系统

综合布线系统是建筑物信息设施系统中最基础的系统，它为建筑物和建筑群中的信息传输提供一个安全、可靠、高速、灵活、经济的通信平台。它也是"三网融合"和"信息高速公路"实现"最后一公里"宽带接入的基础。

1）综合布线系统的概念与结构

综合布线系统的定义是：通信电缆、光缆、各种软电缆及有关连接硬件构成的通用布线系统，它能支持多种应用系统。即使用户尚未确定具体的应用系统，也可进行布线系统的设计和安装。综合布线系统中不包括应用的各种设备。综合布线系统又称为结构化布线系统，它采用模块化结构，将整个系统分为既相互独立，又有机结合的六个模块，如图 6-9 所示。这六个子系统分别是工作区子系统、水平（布线）子系统、管理子系统、垂直（主干）子系统、设备间子系统和建筑群子系统。按照我国现行的《综合布线系统工程设计规范》GB 50311—2016，将综合布线系统分为 3 个部分，分别为配线子系统、干线子系统、建筑群子系统。从工程设计的角度讲，六个子系统的划分更适合介绍布线系统的设计和实现，因此本章按六个子系统的结构划分方式介绍综合布线系统的设计。

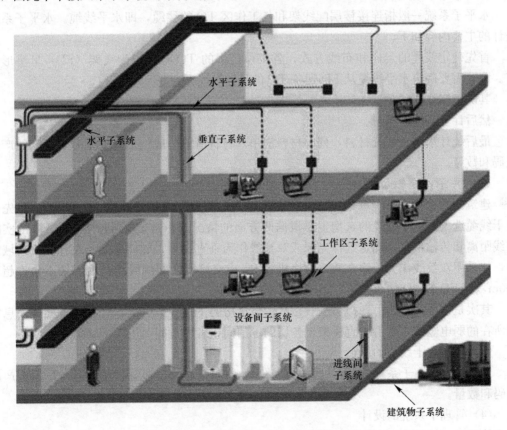

图 6-9　综合布线系统总体结构和子系统之间的位置关系

2）综合布线系统的系统设计

如前所述，综合布线系统采用模块化设计。尽管把它划分为六个子系统，但并非所有的工程都必须包括六个子系统。可以根据具体的建筑结构和用户需要，对各子系统作取舍，灵活设计布线系统。但是一套综合布线系统再简单，一些子系统必不可少，比如工作区子系统、水平子系统和管理/设备子系统。本节将依次介绍工作区子系统、水平子系统、垂直子系统和管理子系统的设计方法和步骤。

（1）工作区子系统设计

工作区子系统由终端设备、信息插座 TO 和设备连接线（绳线）组成，如果应用业务的通信接口不是 RJ45，则还需要相应的适配器。工作区子系统的具体设计方法和步骤详细介绍如下。

首先划定工作区。工程的建设方会提出建筑物各楼层和房间的用途。根据用户的需求，参照相关设计标准，可以确定工作区的划分。

其次确定每个工作区内信息插座的数量，建立信息点表。

然后确定信息插座的类型和信息插座安装方式。

最后统计工作区子系统材料，列出所用材料并列出材料清单。材料清单一般包括材料型号、厂家的产品代码和数量。

（2）水平子系统设计

水平子系统一般指连接楼层配线架和各工作区 TO 的线缆，即水平线缆。水平子系统设计的主要内容如下。

首先确定线缆的走向和布线方式，各工作区中的 TO 与楼层配线架（FD）呈星形分布。因此需要确定水平线缆从 FD 到各 TO 的具体布线方式。

其次确定线缆的类型。

然后计算线缆的用量。

最后统计水平子系统材料，列出材料清单。材料清单一般包括材料型号、厂家的产品代码和数量。

（3）垂直子系统设计

建筑内的垂直子系统贯穿建筑物的弱电竖井，采用室内线缆连接 FD 和 BD。首先是主干线缆选型，主干线缆的选型主要根据两方面的情况。一是 BD 到各楼层的 FD 的实际布线距离和传输带宽，确定选择光纤或双绞线作为垂直主干。如前所述，在计算机局域网中，如采用双绞线作为传输介质，交换机到 PC 或交换机之间的线缆长度一般不允许超过100m，而 FD 到 BD 的布线长度不应超过 90m。

其次是主干线路路由选择，一般是从信息机房的主配线架引出，经线缆桥架至信息机房所在的弱电竖井，再沿垂直桥架至各层的电信间或者弱电间，进入楼层配线架。

然后确定主干线缆的用量。

最后统计垂直子系统材料，列出材料清单。材料清单一般包括材料型号、厂家的产品代码和数量。

（4）管理子系统的设计

管理子系统是综合布线系统中最核心的部分，它连接水平和垂直两个子系统。

首先是配线架的选型，配线架的选择要考虑具体的应用系统。对于语音业务，现在大部分 PABX（用户程控交换机）采用两线制，少数数字话机采用 4 线制。计算机网络系统基本采用 4 线制。模拟视频监控系统和采用 RS232 接口的应用系统，当通过适配器转换成4 对双绞线传输时，通常采用 8 线制。因此，对于语音通信业务，通常选择高密度的配线架，最常用的是 110 型配线架，端接大多数电缆；对于其他业务，一般选择 RJ45 接口形式的配线架。

其次是确定配线架的数量。

接下来便是确定该管理子系统中每种配线架的数量；确定跳线的类型和数量。

最后必要的标识。在管理子系统中，标识显得尤为重要。通常每种配线架的前面板上都有标签条用于端口的标识。标签条有不同的颜色。综合布线系统是用色标表示不同的线缆管理区。

6.2.4　通信接入系统

接入网（AN，Access Network）是 20 世纪后期提出的一种新的网络概念。所谓接入网是指骨干网络到用户终端之间的所有设备。其长度一般为几百米到几公里，因而被形象地称为"最后一公里"。按电信行业的规则，通信网由三部分组成，即核心网、接入网和用户网，如图 6-10 所示。核心网包括了中继网（本市内）和长途网（城市间）以及各种业务节点机（如局用数字程控交换机、核心路由器、专业服务器等）。核心网和接入网通常归属电信运营商管理和维护，用户网则归用户所有。因此接入网是连接核心网和用户网的纽带，通过它实现把核心网的业务提供给最终用户。

接入网有三种主要接口，即用户网络接口、业务节点接口和维护管理接口，如图 6-10 所示。

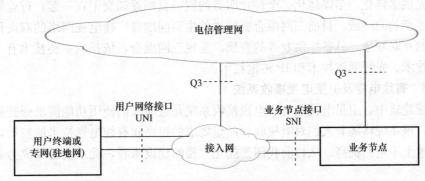

图 6-10　电信网络的基本构成

接入网的一端通过业务节点接口（SNI，Service Node Interface）与核心网中的业务节点相接，另一端通过用户网络接口（UNI，User Network Interface）与用户终端设备相连，并可经由 Q3 接口服从电信网管系统的统一配置和管理。

根据传输介质的不同，接入网分为有线接入和无线接入。有线接入通常可分为光纤接入、双绞线接入和混合接入三种方式。光纤接入网（OAN，Optical Access Network）是目前电信网中发展最为迅猛的接入网技术，是指用光纤作为主要的传输媒介，实现信息传送功能，通过光线路终端（OLT，Optical Line Terminal）与业务节点相连，通过光网络单元（ONU，Optical Network Unit）与用户相连。双绞线接入技术即数字用户线系列（DSL，Digital Subscriber Line）技术。DSL 可分为对称传输的 ISDN 数字用户环路（IDSL）、高速数字用户环路（HDSL）、单线对双向对称传输数字用户环路（SDSL）、超高速数字用户环路（VDSL）、不对称数字用户环路（ADSL）。

数据的传输速率包括上行传输和下行传输，在上行传输中使用 ADSL 技术的可以将上行传输速率达到 640kbit/s、下行传输速率可达到 1.5～8Mbit/s（ADSL 技术的关键是采用了一种宽带调制解调器，使用的是普通的一堆电话线作为传输介质）；使用光纤接入的传输技术，当前大都是以 TDMA 作为使用的基础，其传输速率可达 2.5Gb/s（一般针对有源网络而言，在无源网络通常接入传输速率最大可为 2Mb/s，其线路上速率一般在 20～50Mb/s 之间）。

在使用接入网的种类中尤以电信网为主，其随着数据业务的增长，从传统的 56kbit/s 窄带拨号到 xDSL 方式，ADSL 非对称数字用户线技术提供一种准宽带接入方式，它无需很大程度改造现有的电信网络连接，只需在用户端接入 ADSL-Modem，便可提供准宽带数据服务和传统语音服务，两种业务互不影响。它可以提供上行 1Mb/s，下行 8Mb/s 的速率，3～6km 的有效传输距离，比较符合现阶段一般用户的互联网接入要求。对于没有安装综合布线系统的小区来讲，ADSL 是一种经济便捷的接入途径。

目前许多厂家开始对网络的接入网施行三网融合技术，利用现有的电信网络、计算机网络及广播电视网络相互融合，实现互联、互通、资源共享。融合后的网络是一个统一、全数字化的网络，可支持包括数据、话音和视像在内的所有业务的通信。三网融合主要是指高层业务应用的融合，业务层上互相渗透和交叉；传输技术趋于一致，应用层上趋向使用统一的 IP 协议；三网实现互联互通，形成无缝覆盖；经营上互相竞争、互相合作，朝着向用户提供多样化、多媒体化、个性化服务的同一目标逐渐交汇在一起；行业管制和政策方面也逐渐趋向一致。目前三网融合要解决的主要问题是广播电视网络的双向传输和与其他网络的互联互通，具备提供业务的资质。实现三网融合，依托的主要技术有三项，即数字处理技术、光纤通信技术和 IP 传输技术。

6.2.5 有线电视及卫星电视接收系统

在智能建筑中，卫星电视和有线电视接收系统是适应人们使用功能需求而普遍设置的基本系统，该系统将随着人们对电视收看质量要求的提高和有线电视技术的发展，在应用和设计技术上不断的提高。从目前我国智能化大楼的建设来看，此系统已经成为必不可少的部分。

有线电视也叫电缆电视（Cable Television，缩写 CATV），是用射频电缆、光缆、多频道微波分配系统（缩写 MMDS）或其组合来传输、分配和交换声音、图像及数据信号的电视系统。它是相对于无线电视（开路电视）而言的一种新型广播电视传播方式，是从无线电视发展而来的。

随着数字技术的发展和日趋成熟，模拟卫星电视广播系统已经被数字卫星广播系统所代替。我国卫星电视系统采用欧洲广泛应用的 DVB-S（数字卫星广播系统标准）系统。

1）有线电视系统的结构

有线电视系统是一个复杂的完整体系，它由许多具体设备和部件按照一定的方式组合而成，具体如图 6-11 所示。

（1）前端系统

位于信号源和传输系统之间，用于处理卫星地面站和天线接收到的各种无线广播信号和自办节目信号。它是系统信号处理的中枢，是整个系统的心脏。包括天线放大器、频道放大器、频道变换器、频率处理器、混合器及需要分配的各种信号发生器等。

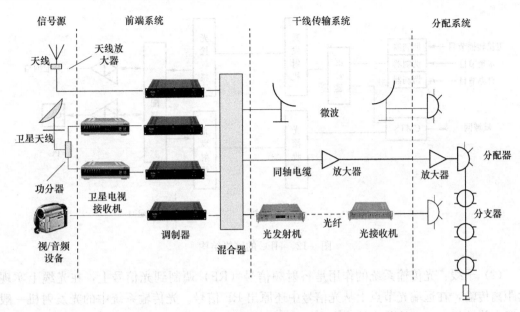

图 6-11　传统有线电视系统的组成

（2）干线传输系统

该部分的任务是把前端输出的高质量信号尽可能保质保量地传送给用户分配系统，若是双向传输系统，还需把上行信号反馈至前端部分。干线部分主要的器件有：干线放大器、电缆或光缆、斜率均衡器、电源供给器、电源插入器等。干线及分支分配网络部分包括干线传输电缆、干线放大器、线路均衡器、分配放大器、线路延长放大器、分支电缆、分配器、分支器以及用户输出端。

（3）用户分配系统

该部分是把干线传输来的信号分配给系统内所有的用户，并保证各个用户的信号质量，对于双向传输还需把上行信号传输给干线传输部分。用户分配系统的主要器件有：线路延长放大器、分配放大器、分支器、分配器、用户终端、机上变换器等，对于双向系统还有调制器、解调器、数据终端等设备。

2）HFC 网络的结构

传统的有线电视网络是基于同轴电缆的传输网络，由于信号在电缆中的损耗较大，一般要每隔 200~300m 的距离上加入放大器中继，由于在加入放大器的同时也引入了噪声，经过多级放大器后，信号的载噪比下降到使用户的收视质量不能接受，因此靠纯粹的同轴电缆不能将信号送得太远。随着有线电视产业和信息技术的发展和光纤技术的成熟，由于光纤具有损耗小、不受电磁干扰、传输带宽宽等优点，被引入到有线电视网络。HFC 网络一般由前端、干线和分配网络组成。其结构如图 6-12 所示。

（1）前端设备：完成有线电视信号的处理，从各种信号源（天线、地面卫星接收站、录像机、摄像机等）解调出视频和音频信号，然后将音/视频信号调制在某个特定的载波上，这个过程称为频道处理。开展数据业务后，前端设备中又加入了数据通信设备，如路由器、交换机等。

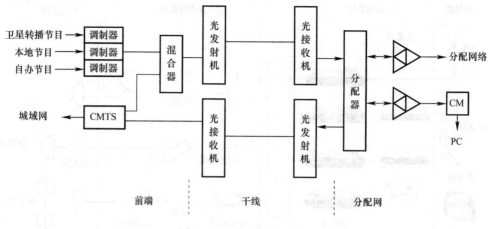

图 6-12 HFC 的网络结构

（2）干线：光传输系统的作用是将射频信号（RF）调制到光信号上，在光缆上实现远距离传输，在远端光节点上从光信号中还原出 RF 信号。光传输系统中的光发射机一般放置在前端机房，光接收机放置在小区。对于传输距离特别远的线路，可以在线路中加中继，将光放大后再续传。

（3）分配网：用户分配网不仅完成正向信号的分配，还完成反向信号的汇聚。正向信号从前端通过光传输系统传送到小区后，需要进行分配，以便小区中各用户都能以合适的接收功率收看电视，从干线末端放大器或光接收机到用户终端盒的网络就是用户分配网，用户分配网就是一个由分支分配、串接起来的一个网络。

3）数字有线电视系统

数字电视就是指从演播室到发射、传输、接收的所有环节都是使用数字电视信号或该系统所有的信号传播都是通过由 0、1 数字串所构成的数字流来传播的电视类型。其具体传输过程是：由电视台送出的图像及声音信号，经数字压缩和数字调制后，形成数字电视信号，经过卫星、地面无线广播或有线电缆等方式传送，由数字电视接收后，通过数字解调和数字视音频解码处理还原出原来的图像及伴音。因为全过程均采用数字技术处理，因此，信号损失小，接收效果好。

我国的有线电视系统一般都是由信号源和机房设备、前端设备、传输网络、分配网络、用户终端五个部分组成的。

（1）信号源和机房设备：有线电视节目来源包括卫星地面站接收的模拟和数字电视信号，本地微波站发射的电视信号，本地电视台发射的电视信号等。为实现信号源的播放，机房内应有卫星接收机、模拟和数字播放机、多功能控制台、摄像机、特技图文处理设备、编辑设备、视频服务器，用户管理控制设备等。

（2）前端设备：前端设备是接在信号源与干线传输网络之间的设备。它把接收来的电视信号进行处理后，再把全部电视信号经混合器混合，然后送入干线传输网络，以实现多信号的单路传输。前端设备输出信号频率范围可在 5MHz~1GHz 之间。前端输出可接电缆干线，也可接光缆和微波干线。

（3）传输网络：传输网络处于前端设备和用户分配网络之间，其作用是将前端输出的各种信号不失真地、稳定地传输给用户分配部分。传输媒介可以是射频同轴电缆、光缆、微波或它们的组合，当前使用最多的是光缆和同轴电缆混合传输。

（4）分配网络：有线电视的分配网络都是采用电缆传输，其作用是将放大器输出信号按一定电平分配给楼栋单元和用户。

（5）用户终端：用户终端是接到千家万户的用户端口，用户端口与电视机相连。目前，用户端口普遍采用单口用户盒或双口用户盒，或串接一分支。

电视数字化是电视发展史上又一次重大的技术革命。数字电视不但是一个由标准、设备和节目源生产等多个部分相互支持和匹配的技术系统，而且将对相关行业产生影响并促进其发展。

4）卫星电视接收系统

（1）卫星电视接收系统原理

卫星电视广播是指利用卫星来转发电视节目的广播系统，通过卫星先接收地面发射站送出的电视信号（上行信号），再利用转发器把电视信号送回到地球上指定区域（下行信号），从而实现电视信号的传播。

（2）卫星电视接收系统的设备组成

卫星电视接收系统设备主要包括卫星电视接收天线、高频头、功分器、卫星电视接收机、调制器、混频器、干线放大器、分配器和电视机组成。

卫星电视接收天线是有线电视前端重要组成部分，主要用于接收电视节目信号，对卫星电视接收系统的接收效果有着决定性影响，其原理是利用电波的反射原理，将电波集焦后，辐射到馈源上的高频头，然后通过馈线将信号传送到星接收机并解码出电视节目。卫星接收天线形式有多种多样，但最常见的有以下几种：正馈（前馈）抛物面卫星天线，卡塞格伦（后馈式抛物面）天线，格里高利天线和偏馈天线。

高频头通常紧紧连接着馈源，又称为室外单元或低噪声下变频器；属于卫星电视接收系统的室外单元，连接在天线输出端，一般兼有放大和变频的功能。作用是把 C 波段（频率范围 3.4～4.2GHz）和 Ku 波段（频率范围 10.75～12.75GHz）卫星传送下来的微弱信号放大再与其中的本振作用后输出卫星接收机所需要的 950～2150MHz 中频信号。高频头的内部结构包括低噪声放大器、本振、混频器、第一中频放大器和稳压电源等部分。

功率分配器简称功分器，是将一路卫星电视第一中频输入信号分成几路信号输出的设备，使一副卫星接收天线能同时带多台卫星电视接收机，即功率分配器将每一路输出接一台卫星电视接收机。

卫星电视接收机是卫星电视接收系统的重要设备之一，它是将卫星降频器 LNB 输出信号转换为音频视频信号的电子设备。卫星接收机的种类很多，可分为模拟卫星接收机、数字卫星接收机和多功能卫星接收机，此外还有数字卫星接收卡（盒）。模拟卫星接收机是早期为接收卫星上发射的模拟节目而设计的，接收的是模拟信号，目前因为大部分信号均已经数字化，基本已经绝迹。数字卫星电视接收机接收的是数字信号，是目前比较常用的接收机，又分插卡数字机，免费机，高清机等。

6.2.6　公共广播系统与紧急广播系统

公共广播系统是指有线传输的声音广播，公共广播系统属于扩声音响系统中的一个分支，而扩声音响系统又称专业音响系统涉及电声、建声和乐声三种学科的边缘科学。建筑物中的公共广播系统通常设置于公共场所，如为机场、港口、地铁、火车站、宾馆、商厦、学校等提供背景音乐和其他节目，出现火灾等突发情况时，则转为紧急广播之用。

公共广播是在一定的区域内为大众服务的广播，用于发布各类新闻和内部信息传递、发布作息信号、提供背景音乐以及用于呼叫和强行插入灾害性事故紧急广播等，是城乡及现代都市中各种公共场所必不可缺的组成部分。

1）公共广播系统的组成

公共广播系统是扩声系统中的一种，包括设备和声场两部分。系统的主要工作过程为：将声音信号转换为电信号，经放大、处理、传输，再转换为声音信号还原于所服务的声场环境。按其工作原理，公共广播系统可分为音源设备、信号放大器和处理设备、传输线路以及扬声器系统几个部分。图 6-13 为一个公共广播系统的基本原理图。

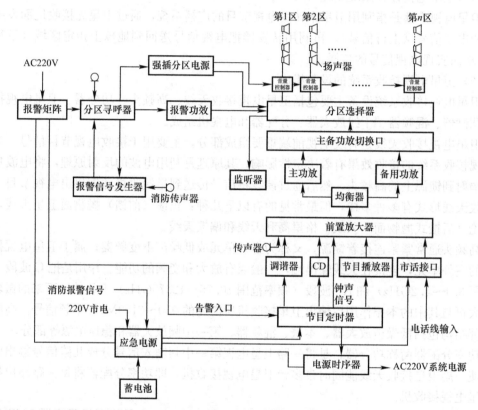

图 6-13　公共广播系统基本原理

（1）音源设备

音源通常包括磁带录音机、激光唱片机、调幅/调频接收机等，此外还有传声器、电子乐器等设备。音源设备的配置需根据广播系统的具体要求确定。

（2）信号放大和处理设备

信号放大和处理设备主要包括均衡器、前置放大器、功率放大器和各种控制器材及音响加工设备等。前置放大器的基本功能是完成信号的选择和前置放大，此外还担负音量和音响效果的调整和控制功能。功率放大器则将前置放大器或调音台送来的信号进行功率放大，再通过传输线去驱动扬声器系统。

（3）信号传输线路

信号传输线路有多种方式可以选择。当功率放大器与扬声器的距离较近时，通常采用低阻大电流的直接馈送方式，传输线路要求采用专用的喇叭线；当服务区域广、距离长时，往往采用高压传输方式，通常称为定压系统，这种系统对传输线要求不高，通常采用普通音频线，即双绞多股铜芯塑料绝缘软线。

（4）扬声器系统

扬声器系统的作用是将音频电能转换成相应的声能。需要根据不同的功能和服务对象，设置相应的扬声器系统。

2）公共广播系统的设置

国家规范《公共广播系统工程技术规范》GB 50526—2010 将公共广播分为业务广播、背景广播和紧急广播三类。工程设计中，通常把前两种广播称为正常广播，后一种称为紧急广播。公共建筑中广播系统的类别设置，应根据建筑规模、使用性质和功能要求确定。

（1）业务广播

业务广播即是公共广播系统向其服务区播送的、需要被全部或部分听众认知的日常广播，包括发布通知、新闻、信息、语音文件、寻呼及报时等。办公楼、商业楼、院校、车站、客运码头及航空港等建筑物，宜设置业务性广播，满足以业务及行政管理为主的广播要求。

（2）背景广播

背景广播是指公共广播系统向其服务区播送的、旨在渲染环境气氛的广播，包括背景音乐和各种场合的背景音响（包括环境模拟声）等。星级饭店、大型公共活动场所等建筑物，宜设置背景广播，满足以欣赏性音乐、背景音乐或服务性管理广播为主的要求。

（3）紧急广播

紧急广播也称火灾应急广播、火灾紧急广播、消防广播或消防紧急广播，是指为突发公共事件而发布的广播。紧急广播通常与业务广播、背景广播系统合用，在发生火灾时，应将业务广播系统、背景广播系统强制切换至火灾应急广播状态，并应符合下述规定：

① 火灾应急广播系统仅利用业务广播系统、背景广播系统的馈送线路和扬声器，而火灾应急广播系统的扩声设备等装置是专用的。当火灾发生时，由消防控制室切换馈送线路，进行火灾应急广播。

② 火灾应急广播系统全部利用业务性广播系统、背景广播系统的扩声设备、馈送线路和扬声器等装置，在消防控制室只设紧急播送装置。当火灾发生时，可遥控业务广播系统、背景广播系统，强制投入火灾应急广播。并在消防控制室用话筒播音和遥控扩声设备的开、关，自动或手动控制相应的广播分路，播送火灾应急广播，并监视扩声设备的工作状态。

③ 在宾馆类建筑中，当客房内设有床头柜音乐广播时，不论床头柜内扬声器在火灾时处于何种状态，都应切换至火灾应急广播。客房未设床头柜音乐广播时，在客房内可设专用的紧急广播扬声器。

④ 火灾应急广播的强切控制

某些场合下，局部区域的用户需要自己控制扬声器的音量，这样区域用户利用音量控制器把该区域音量调节到很小甚至关闭，当有紧急通知时，就不能及时地利用广播系统来通知该区域的人员。在这种情况下，就引入了强行切换的概念简称"强切"。强切的基本原理是：在紧急情况下，控制机房通过强切设备发出一个紧急控制信号到区域音控器上，强迫音控器直接接入火灾应急广播，而不受区域用户控制。

6.2.7　信息引导与发布系统

信息引导与发布系统是一种以信息传递为主导的系统，它通过将文本、图片、动画和音视频等信息有机组合，实时形成连续的画面，并通过现有的显示设备向人们传达各种有用信息。

信息引导及发布系统是为公众或者来访者提供告知、信息发布和查询等功能，满足人们对信息直观、迅速、生动、醒目的要求。主要包括大屏幕显示系统和触摸屏查询系统。

1）大屏幕显示系统的组成

大屏幕显示系统由信息显示装置和控制器组成。目前工程中常用的大屏幕显示装置主要有以下几类：（1）LED 显示屏；（2）PDP 显示屏；（3）LCD 显示屏；（4）CRT 显示屏。LED 电子显示屏是近年来兴起的一种电子宣传媒体，广泛地应用于建筑室内外的信息发布、新闻报道等。

（1）LED 显示系统

LED 大屏幕显示系统主要由计算机、通信卡、控制装置及显示装置等部分组成。利用系统的控制软件，计算机将编辑好的图文和控制命令传送至通信卡，通信卡对这些信息进行处理后，传送给控制装置，控制装置再对信息进行处理、分配至相应的显示装置，显示装置根据前两个环节所编辑的内容循环显示信息。

（2）LED 滚动条屏系统

LED 滚动条屏系统通常由计算机、单片机发送卡和滚动条屏三部分组成。其中，单片机发送卡用于信息编辑及对屏体进行控制；滚动条屏屏体由控制电路、驱动电路、电源及发光器件等组成，用来显示系统发布的信息；计算机通过其应用软件对屏幕显示内容进行图文编辑操作，控制显示屏的显示功能。

2）触摸屏查询系统

触摸屏查询系统将文字、图像、音乐、视频、动画等数字资源通过系统集成并整合在一个互动的平台上，具有图文并茂、有趣生动的表达形式，触摸屏查询系统将文字、图像、音乐、视频、动画等数字资源通过系统集成并整合在一个互动的平台上，具有图文并茂、有趣生动的表达形式，给用户很强的音响、视觉冲击力，并留下深刻的印象。即使是对计算机一无所知的人，也照样能够应用自如，展现出多媒体计算机的魅力。

（1）触摸屏查询系统工作原理

触摸屏查询系统由触摸检测部件和触摸屏控制器两部分组成。当人用手指或其他物体触摸到触摸屏时，触摸检测部件即检测到用户触摸位置，接收到位置信号后将其送至触摸屏控制器。触摸屏控制器的作用是从触摸检测部件上接收触摸信息，将其转换成触点坐标，通过接口送给 CPU，同时也能够接收并执行 CPU 发来的命令。按照触摸屏的工作原理和传输信息的介质，触摸屏可以分为 4 类，分别是电阻式、电容式、红外式及表面声波式。

（2）触摸屏查询系统的组成

触摸屏信息查询系统由触摸屏主机、网络链路、服务器及软件四个部分组成。触摸屏主机通常采用基于浏览器/服务器（B/S）体系架构，提供友好的人机界面，实现数据的输入和输出，完成用户与后台数据库的交互过程。网络链路用于实现触摸屏查询到业务系统后台的网络连接。服务器作为连接客户机和数据库服务器的桥梁，通过 HTML 和 ODBC 等实现将客户端数据传送到数据库服务器、提供处理数据功能和将处理结构以 HTML 形式传送到客户端。软件部分主要由客户端浏览器 WEB 管理、接口软件及 SQL 数据库三部分组成。

6.2.8　会议系统

会议系统包括数字会议系统和视频会议系统。

1）数字会议系统

数字会议系统包含多个不同功能的子系统，能对会场内各类音视频信号进行采集、传送并通过控制系统进行统一编制管理，系统结构如图 6-14 所示。

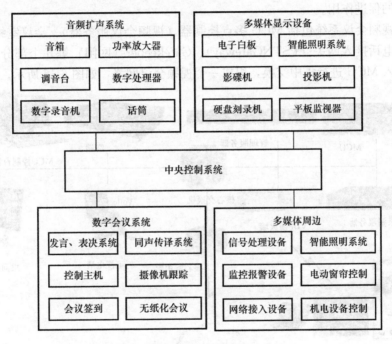

图 6-14　数字会议系统的基本构成

数字会议系统：话筒可以采用首尾串联连接的方式，当话筒其中一个出现故障时，不影响其他话筒使用，其中分为主席单元和代表单元，带呼叫功能，设有话筒开启按键及主席优先权按键。当按优先权按键时，所有的代表麦克风将关闭。主席单元不受限制发言模式控制，有优先发言特权。

音视频扩声系统：把讲话者的声音对听者进行实时放大音视频切换控制系统，具有足够响度和足够的清晰度，并且能使声音均匀地覆盖听众，而同时又不覆盖没有听众的区域。

多媒体显示系统：采用一种或多种、一台或多台显示设备、提供单人或多人所需的视觉信息，接收来自不同电子设备或系统的信号，一般需要配备适当的输入装置以便实现人—机联系和必要的记录设备供以后查用。

中央控制系统：对各个带电设备进行统一管理，各功能能进行一键式操作，界面美观，操作方便。

2）视频会议系统

视频会议系统，又称电视会议系统，是指两个或两个以上不同地方的个人或群体，通过传输线路及多媒体设备，将声音、影像及文件资料互传，实现即时通信以完成会议目的的系统设备。视频会议系统的使用有点像电话，除了能看到与你通话的人并进行语言交流外还能看到他们的表情和动作，使处于不同地方的人就像在同一房间一样互相沟通。

未来，视频会议系统的使用将进一步向各行各业渗透。目前我国政府使用视频会议的用户比例达到了30%，金融、能源、通信、交通、医疗、教育等重点行业机构的使用比例也不断提高，但仍存在巨大的发展空间。政府视频会议网络将覆盖至乡镇，金融、电信、能源等行业，这些行业也将开始更细的市场管理，这将对带动视频会议系统市场的较快发展起到极大的促进作用。

一般的视频会议系统包括 MCU 多点控制器（视频会议服务器）、会议室终端、PC 桌面型终端、电话接入网关（PSTNGateway）、Gatekeeper（网闸）等几个部分。各种不同的终端都连入 MCU 进行集中交换，组成一个视频会议网络，如图 6-15 所示。此外，语音

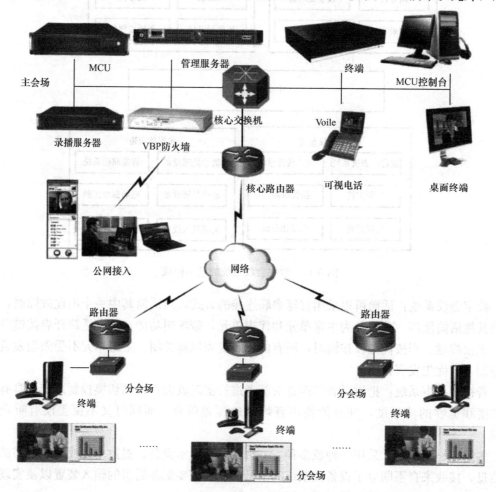

图 6-15　视频会议系统的结构图

会议系统可以让所有桌面用户通过 PC 参与语音会议，这些是在视频会议基础上的衍生。目前，语音系统也是多功能视频会议的一个参考条件。

（1）多点处理单元（MCU）

MCU 是视频会议系统的核心部分，为用户提供群组会议、多组会议的连接服务。目前主流厂商的 MCU 一般可以提供单机多达 32 个用户的接入服务，并且可以进行级联，可以基本满足用户的使用要求。MCU 的使用和管理不应该太复杂，要使客户方技术部甚至行政部的一般员工能够操作。

（2）会议室终端产品（End Point）

大中小型会议室终端产品是提供给会议室使用的，设备自带摄像头和遥控键盘，可以通过电视机或者投影仪显示。一般会议室设备带视频跟踪专用摄像头，可以通过遥控方式前后左右转动从而覆盖参加会议的任何人和物。一般配置费用比较低的 PC 摄像头，现已支持几十点、几百点甚至上千点的会议。由于 PC 已经是办公的标准配置，桌面会议终端不需要增加很多的硬件投入。而会议室型终端也只需要购买比较高性能的 PC 和视频采集卡即可，其成本也低于普通的硬件视频终端。

（3）电话接入网关

用户直接通过电话或手机在移动的情况下加入视频会议，这点对国内许多领导和出差多的人尤其重要。可以说今后将成为视频会议不可或缺的功能。

此外，视频会议系统一般还具有录播功能。能够进行会议的即时发布并且会议内容能够即时记录下来。基于现时流行的会议信息资料的要求，本系统能够支持演讲者电脑中电子资料 PPT 文档、FLASH、IE 浏览器及 DVD 等视频内容，也包括音频的内容等、会议中领导嘉宾视频画面、会场参与者视频画面的同步录制。

6.3　建筑物信息设施系统组态设计

6.3.1　建筑物信息设施系统组态概述

本节对建筑物信息设施系统中的典型参数进行数据采集和监控，上位机采用组态软件进行程序设计。

本部分设计监控系统主界面和各个子系统界面，以参数列表形式显示各个监测参数，记录曲线显示最近一段时间的历史数据。系统设计历史数据记录和报表功能。用户可以通过 Excel 完成日报表和月报表等功能，以便于后续分析和评估。各个子系统监测和评估参数如表 6-2 所示。

各个子系统监测和评估参数一览表　　　　　　　　　　表 6-2

子系统名称	动态监测		静态显示	备注
电话交换系统	话务量 $A=c \times t$	每线话务量	机房面积机柜尺寸	
	呼叫接通率	网络接通率	公用数据网带宽	
	电池参数		电压	

续表

子系统名称	动态监测	静态显示	备注
计算机网络系统	带宽	网络配置	
	时延	设计负荷	
	误码率		
综合布线系统	阻抗	线缆等级	
	衰减	语音点数	
	近端串扰损耗	数据点数	
通信接入网系统	传输带宽	传输介质	
	ADSL 上行速率	覆盖范围	
	ADSL 下行速率	无线基站数	
公共广播系统	扬声器数量	传输电压	
有线电视系统与卫星电视接收系统	载噪比	频道数目	
	频率范围	传输速率	
	电源电压	用户电平	
电子会议系统	主机数目	终端使用数目	
信息引导与发布系统	信息显示	主屏数目	

6.3.2 建筑信息设施系统参数监测组态系统设计

如前所述，建筑信息设施系统的构成包括用户电话交换、计算机网络系统、接入网系统、广播系统、信息发布与引导系统、有线电视及卫星电视接收系统等。本部分对各个子系统进行监控系统设计。

6.3.2.1 监测系统工程建立

首先为当前项目建立工程，如图 6-16 所示。新建工程后，键入工程命名为建筑信息设施系统如图 6-17 所示。

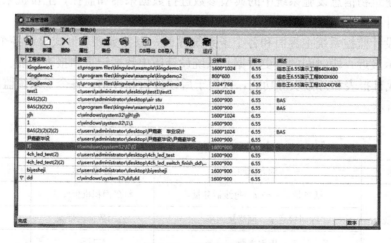

图 6-16　工程管理器

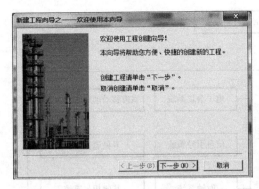

图 6-17　创建工程

　　建立项目工程后，对当前画面进行新建设定，设计各个子系统监控界面。比如，设计第一个界面工程为建筑信息设施系统的主画面系统，新建各个子系统的画面，设置中勾选基本的覆盖式操作，如图 6-18 所示。

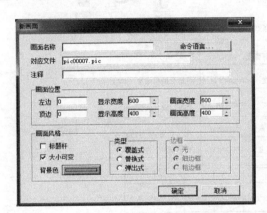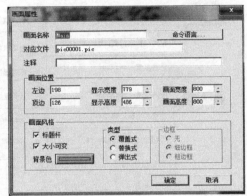

图 6-18　创建第一类子工程

　　该子类工程中将会包括系统的开发信息与系统的版本号，同时也将嵌入后续主系统可进入的索引功能。在主页面中设立按钮控件，在该事件按钮中勾选按下时可进行功能操作，并添加命令语言程序即 ShowPicture（"用户电话交换系统"），该函数可对当前进行操作跳转画面的功能；同时在用户电话交换系统子系统页面中创建返回按钮，使其可以跳转到主页面，如图 6-18 所示。

6.3.2.2　各个子系统组态检测

　　首先建立建筑物信息设施系统的主界面，要求在主界面中包含整个信息设施系统的各个子系统，并要求通过动画链接的方式可以切换到各个子系统，如图 6-19 所示。

　　在运行状态下，可以由主画面切换到各个子系统，也可以由任何一个子系统切换到系统主画面，比如在用户电话交换系统中通过点击返回按钮回到主画面，如图 6-20 所示。

　　利用建立新画面对当前有线电视接收系统实时监控。在有线电视系统中一般又可分为前端系统、干线传输系统及用户分配系统三个部分。系统中各组成部分依据所处的位置不同，在系统中所起的作用也各不相同，在进行系统设计时需要考虑的侧重点也不相同。如图 6-21 为有线电视的一般设备构成。

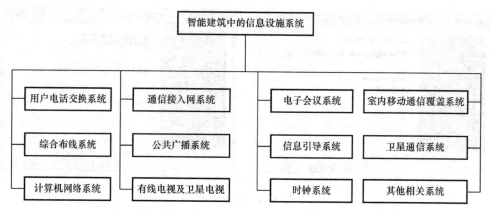

图 6-19　创建建筑物信息设施系统主画面

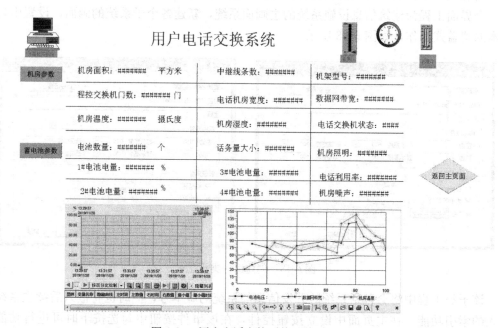

图 6-20　用户电话交换系统监控界面

监测载噪比和输入电压值等参数来判定有线电视系统中的放大器是否可以正常运行，同时检测传输的电缆的温度参数、特性阻抗等参数来检测传输电缆是否可以正常运行，在检测完上述参数后使用标准均值衡量当前检测值。

在建筑信息设施系统中广播系统主要是针对公共广播系统，该系统是扩声系统中的一种，包括设备和声场两部分。系统的主要工作过程为：将声音信号转换为电信号，经放大、处理、传输，再转换为声音信号还原于所服务的声场环境。按其工作原理，公共广播系统可分为音源设备、信号放大器和处理设备、传输线路以及扬声器系统几个部分，如图 6-22 所示。

信息引导及发布系统是一种以信息输出播放为目的，以信息发布传递为主导的系统。它通过将文本、图片、动画、视频、音频有机组合，实时的形成一组连续的画面，并通过现有的各种显示设备，播放给人们观看，向人们传达各种宣传信息，如图 6-23 所示。

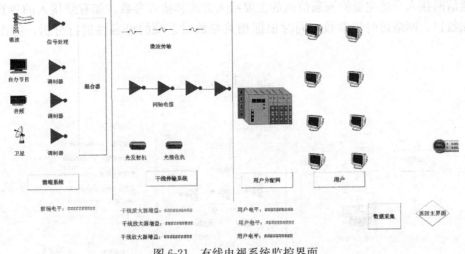

图 6-21　有线电视系统监控界面

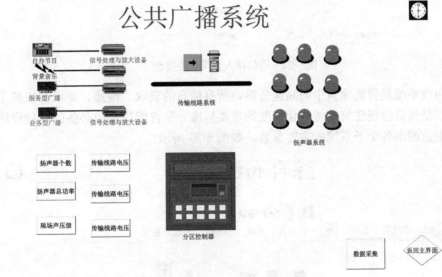

图 6-22　公共广播系统监控界面

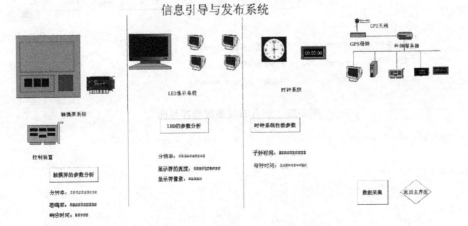

图 6-23　信息引导系统监控界面

通信网接入系统主要检测通信网的主要接入方式和接入参数。如有线接入的带宽、无线终端数目、网络延时等参数；同时根据相关参数对系统的可靠性进行分析，如图 6-24 所示。

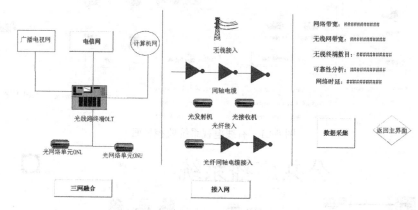

图 6-24　通信接入系统监控接面

综合布线系统是智能建筑中的高速公路，所有信息的获取、传递、显示都依赖于综合布线系统，是衡量智能建筑的智能化程度的重要标准，是智能建筑中必备的基础设施。在组态软件中监测出各个子系统的主要参数，如图 6-25 所示。

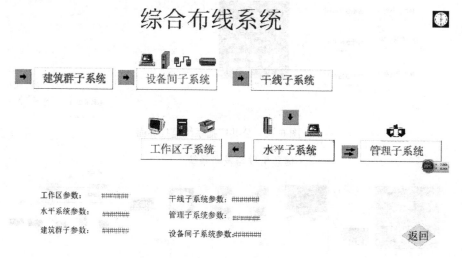

图 6-25　综合布线系统监控界面

第7章　智能化集成系统的组态设计

7.1　IBMS 概述

7.1.1　IBMS 概念

随着计算机网络、控制和信息技术的高速发展，人们对于舒适生活的追求有了科学技术的支撑，智能建筑由此诞生。我国建设部发布的《智能建筑设计标准》GB 50314—2015对智能建筑的定义是"以建筑物为平台，兼备信息设施系统、信息化应用系统、建筑设备管理系统、公共安全系统等，集结构、系统、服务、管理及其优化组合为一体，向人们提供安全、高效、便捷、节能、环保、健康的建筑环境"。智能建筑主要包括建筑设备自动化系统（Building Automation System，BAS）、通信自动化系统（Communication Automation System，CAS）和办公自动化系统（Office Automation System，OAS）三大系统，可以细分为供配电系统、照明系统、空调系统、安防系统、能源管理系统等。但在智能建筑中，各子系统的安装，多数由不同的厂家所负责，使得各子系统之间彼此独立，不能互联互融，造成资源重复投入、无法共享、成本高、效果差等影响。如何打破各个子系统信息孤岛的状况，实现资源共享，成为智能建筑中亟待解决的问题之一。系统集成通过对智能建筑中的不同厂家的产品、系统、组件进行技术和工程上的协调，也就是主要在系统本身、系统与系统之间的关联，信息收集、处理和表现中进行协调，完成它们之间的相互匹配、互联互通，达到系统的最优化。

IBMS（Intelligent Building Management System，智能大厦管理系统）是在 BAS（Building Automation System，建筑设备自动化系统）的基础上与通信网络系统、信息网络系统实现更高层次的智能建筑集成管理系统。一个典型 IBMS 系统结构如图 7-1 所示。IBMS 通过对各智能化子系统进行数据通信、信息采集和综合处理，来确保对各类系统监控信息的资源共享和优化管理，满足建筑物的使用功能。IBMS 系统宜采用分布式架构进行设计，该架构支持不同的网络系统和硬件设备，平台系统软件和硬件产品之间保持相对独立。一个典型的 IBMS 系统应具有如下特点：

（1）集中监控。IBMS 系统可以实现楼宇集中监控、楼宇设备控制自动化、设备管理自动化、防灾自动化、能源管理自动化，从而保障工作或者居住环境良好，节约能源等。

（2）统一的操作界面。IBMS 的监控界面友好，为楼宇控制技术人员，工艺技术人员和操作人员提供了简洁的人机交互界面。它具有综观、控制、调整、趋势、回路一览，计量报表等画面。

（3）报警提示。系统异常时进行短信提醒、邮件提醒，第一时间告知工作人员系统异常情况，消除安全运行隐患。

（4）WEB 支持。通过系统的 B/S 架构和 C/S 架构，管理人员实现远程实时查看楼宇运行系统状态,真正实现楼宇系统无人值守。在保证系统安全运行的基础上,降低企业运营成本。

(5)报表生成。它实现对智能建筑系统的有效管理,实时生成日报、月报和年报,提高管理和服务效率能耗分析。这对数据进行图形展示对比,为节能减排提供数据支撑和依据。

(6)可靠的逻辑控制。各子系统的管理集中在中央监控中心,采用统一的并行处理和逻辑控制,直接在人机交互界面上预设控制方案,实现资源的优化调配。

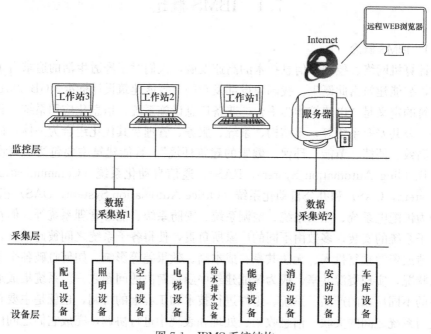

图 7-1　IBMS 系统结构

IBMS 系统集成需要将建筑内各个子系统互连,实现资源的共享和信息的综合,从而实现整个建筑物的统一管理,协调和运营。如何使子系统融合是 IBMS 系统集成的重要方向。IBMS 系统中各子系统的融合有设备集成、技术集成和功能集成三种方法。各子系统应遵循开放、高效、可靠、经济、实用的原则,通过公共的高速通信网络,构筑起一个结构合理、性能良好、运行可靠的集成管理平台,在统一的人机界面环境下,实现信息、资源和任务共享,完成集中与分布相结合的监视、控制和综合管理功能。

(1)设备集成。按照用户的要求,购买各种产品去实现具体的应用。主要用于各个子系统的组建,完成系统所应实现的功能。

(2)技术集成。对所用的产品进行技术上的统筹,合理地进行产品技术的搭配、融合与运用。扩展性和开放性是系统集成的中心问题。

(3)功能集成。把分散的子系统进行有机的互连和综合,以提高整体智能化程度,增强综合管理和防灾抗灾能力,实现优化节能管理,提供增值业务,提高工作效率,降低运营成本。

IBMS 系统不但可以将各个子系统通过平台集中管理,还可以实现子系统之间的联动控制。一般分为软联动和硬联动。硬联动是指依靠底层控制直接从网络或硬件接口的层面完成穿越总线、网段和子系统的联动控制。软联动是采用软件控制数据指令的方式来完成联动，联动的设置不需编程，依靠图形化人机界面进行设置即可完成。

（1）各子系统之间软联动控制。

① 消防报警系统联动。在消防报警触发后，平台将强制把监控系统的画面转至火灾发生的现场位置，以便于观察火情大小或者便于管理人员判断是否为系统误报。

② 安防视频系统联动。闭路监控系统不向其他子系统发出指令，只对外提供相应接口和工具，联动指令通过这些接口和工具执行摄像机控制、画面切换和录像回放等操作。

③ 楼宇自控系统的联动。当发生火警时，关闭对应楼层的风机盘管和空调新风机组，以防止火情通过该系统进行扩散蔓延。

④ 出入口控制系统联动。当系统检测到门禁有人授权进入后，照明系统可开启对应区域的公共照明灯具，并可按预置的延时时长进行关闭。

⑤ 智能照明系统联动。当摄像机被联动触发工作时，智能照明控制系统可以自动开启摄像机所在区域的灯光，以确保视频画面有足够照度。

（2）各子系统之间硬联动控制。

① 消防报警与应急照明系统的硬联动。当发生火警时，强制启动对应楼层的应急照明系统，方便楼内人群疏散。

② 消防报警与门禁系统的硬联动。当火警发生时，自动开启消防疏散通道和安全门，方便楼内人群快速撤离。

③ 消防报警与供配电系统的硬联动。当火警发生时，关闭对应楼层的普通照明和非消防配电电源，以防止火情通过该系统进行扩散蔓延。

④ 消防报警与电梯的硬联动。当发生火灾时，强制电梯自动下降至地面层将人员送至安全出口，以防止乘客误入火灾现场。

（3）安防系统的内部联动控制：

① 监视非法侵入的事件。当非法闯入出现时，安防视频监控系统的摄像机自动切转到预设位置进行监看。

② 出入口控制系统联动。当有人通过门禁刷卡系统进入重要区域（如涉密机房、档案室）时，摄像机画面可自动切换到控制室；当入侵报警系统被触发时，出入口控制系统自动按照预置程序关闭对应的出入口，关闭后该门只能由安保人员开启。

③ 电子巡更系统联动。巡更期间，在巡更人员巡查至巡更站点处时，可联动摄像机拍摄现场巡检状况。

7.1.2　IBMS 与组态控制

IBMS 是一个软件系统，可以对各个弱电子系统进行统一管理，监控和控制，而且集成后的系统应该是一个开放的系统，使不同的子系统和产品间的接口和协议达到互操作性，更好地适应将来的发展。为了延长智能建筑的居住寿命、提高居住舒适度、节约建筑能源等，需要进行具体的管理研究，所以引入组态软件。它在智能建筑中的应用，为智能大厦管理系统打造了广阔的发展前景。也就是通过对软件采用非编程的操作方式，进行参数填写，图形连接和文件生成等，使整个 IBMS 系统按照预先设置，自动完成指定任务，满足使用要求，保证系统功能。

首先，经过组态软件开发的 IBMS 系统在前期工作中需要与多种不同总线上的设备进行数据交换的操作；其次，组态软件是在数据采集和控制过程而采用的一种专门软件设备，可以提供多种组态方式，使用户获得良好的开发界面和便利的使用方法；最后，由于组态软件以前已经设置了各种软件模块，加上软件的兼容性能，可以十分便利地实现 IBMS 系统的集成。典型 IBMS 组态设计架构如图 7-2 所示。每个模块节点的 I/O 接口可挂载不同数量的数据信息采集设备，设备状态经过通信接口层，使用不同的通信手段到达应用层，即监控组态软件，由此实现对监控网络层设备的监控。监控组态软件使用远程或本地监控，实现管理、操作、监视总线中的电气设备。IBMS 系统中的组态软件主要解决如下几个问题：

（1）与设备层如何进行数据交换，采集各个设备所需要监控的数据。

（2）将采集来的设备数据显示在对应的计算机图形画面上的元素中。

（3）对数据报警和系统报警，需要有子系统间的联动控制解决办法。

（4）对于采集层的历史数据需要有存储和查询功能。

（5）具有第三方接口，方便数据共享。

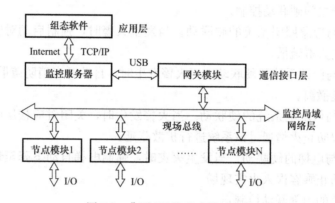

图 7-2　典型 IBMS 组态设计架构

在实际的集成工作中，各个子系统大多由不同的厂家提供。通信协议和应用程序接口等存在异构情况，开放性较差。这就需要开发大量的通信接口驱动程序来连接各个子系统和各种设备。并且这些集成工作针对特定的子系统，不具备通用性，这些缺点都增加了集成的难度和工作量，这也是智能建筑集成的关键问题。IBMS 系统的主要技术很好地解决了这一难题。

（1）OPC（OLE for Process Control，用于过程控制的 OLE 技术），OPC 是包括一整套接口、属性和方法的标准集，用于过程控制和制造业自动化领域。OPC 基于微软的 COM（Component Object Mode，组件对象模型）、DCOM（Distributed Component Object Model，分布式组件对象模式）和 OLE（Object Linking and Embedding，对象连接与嵌入）技术。OPC 标准以微软公司的 OLE 技术为基础，它的制定是通过提供一套标准的 OLE/COM 接口完成的。它使得智能建筑的每个子系统、每个设备都能自由地连接和通信。OPC 使用服务器/客户端的架构，具有即插即用的功能。IBMS 使用 OPC 技术，可以大量使用符合 OPC 规范不同厂家的硬件设备和应用软件。基于 OPC 的 IBMS 组态系统结构如图 7-3 所示。

① COM（Component Object Mode，组件对象模型），组件是指把一个应用程序分割成多个独立的部分，每一部分叫做一个组件。COM 的应用程序就是将需要的多个组件打

包，各个定制的组件连接起来构成一个应用程序，容易修改与升级的程序。COM 就是用来说明如何建立可动态交互组件的规范，提供为了保证能够互操作，客户和组件应该遵守的标准。

② DCOM（Distributed Component Object Model，分布式组件对象模式），它是对 COM 的扩展，COM 只支持本地组件间的通信，DCOM 支持不同的两台机器上的组件间的通信，运行在局域网、广域网还是 Internet 上均可。

③ OLE（Object Linking and Embedding，对象连接与嵌入），它是在客户程序间传输和共享信息的一组综合标准。支持创建带有指向应用程序链接的混合文档，这样可以使用户在修改时不必在应用程序间切换。

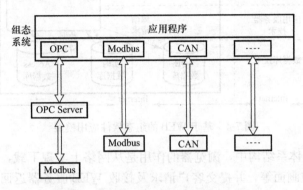

图 7-3　基于 OPC 的 IBMS 组态系统结构

设备层通过 OPC 技术与组态软件连接，有两种方式，一种是通过 OPC Server 间接通信，另一种是与组态系统中所包含的多种协议直接通信。用户可根据设备协议，自行选择通信方式。

（2）Modbus 协议。是一种主从式通信协议，数据传输以帧为单位，由地址码、功能码、数据个数、数据、校验信息按一定格式组成的一个数据帧。主站发送一个报文后，所有的从站都会收到这个报文，但只有从站地址与主站发送的数据帧中的地址相同的才按要求执行任务，然后将结果返回主站，如果主站发送了错误的请求报文，从站会记录下来并回送相应的出错应答信息。若主站未收到有效应答或在一定时间内未收到从站响应，则会再次发送报文给从站。Modbus/TCP 协议是 Modbus 应用协议规范的一部分，用于串行通信和以太网通信。Modbus/TCP 本质是使用 TCP/IP 协议来进行 Modbus 应用协议的数据传输。Modbus/TCP 采用将 Modbus 报文嵌入到 TCP 报文中的方式，成本低廉，适用于各种应用的解决方案，已成为自动化设备最广泛支持的协议。

（3）WEB 服务。公开一个接口，代表客户端调用特定的活动，客户端可通过使用 Internet 标准来访问 WEB 服务。WEB 服务技术是在现有的 WEB 技术，如 HTTP、Internet 的基础上，通过制定新的标准和协议来实现的。WEB 的主要协议和标准包括 SOAP（Simple Object Access Protocol）简单对象访问协议、WSDL（WEB Services Description Language）服务描述语言、UDDI（Universal Description，Discovery and Integration）统一描述、发现和集成。基于 WEB 的组态软件应用模型如图 7-4 所示。

① WSDL 是 WEB 服务描述语言。是一种用来描述 WEB 服务和说明如何与 WEB 服务通信的 XML 语言。WSDL 包含描述 WEB 服务接口的模式，它是服务器与客户端之间

通信的准则。

② SOAP 是 WEB 服务的核心，它提供了一种将消息打包的方法。SOAP 是使用不同的编程语言开发的，在不同的平台上运行的应用程序，能够有效地进行调用。利用现在的行业标准，实现了跨越多种环境的互操作。

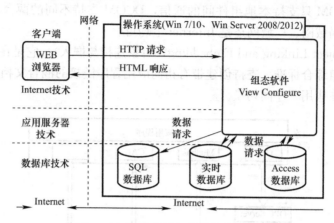

图 7-4 基于 WEB 的组态软件应用模型

在 WEB 的 3 层体系结构中，浏览器的作用是从网络上实现下载，提供图形用户界面 GUI、工艺流程监控画面等，并提交客户请求及接收 WEB 服务器返回的查询结果，完成系统组态功能。在完成数据库及控制回路的组态后，WEB 服务器接收客户端发来的请求和数据库服务器提供的系统组态信息以及系统运行过程中采集或产生的数据等信息。然后，系统将组态数据及过程数据写入数据库。当用户需要申请有关数据时，就可以通过浏览器端得到相关的数据信息。

按功能类别的不同，组态软件可分为图形界面模块、数据管理模块以及数据通信模块等若干个模块。IBMS 组态软件结构如图 7-5 所示。

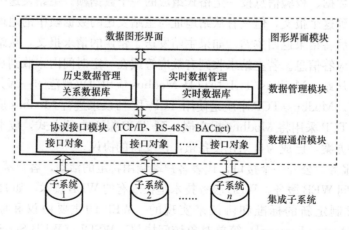

图 7-5 IBMS 组态软件结构

图形界面模块主要用于实现用户对系统的监控功能组态。用户可利用图形界面模块提供的功能，根据监控现场的实况，组态自己特殊的监控画面，并配置相应的连接变量，实现中央监控系统与现场控制网之间的数据传递与共享。

组态软件的数据库设计是整个系统设计的核心。所有的监控数据都是通过数据库系统传递到中央监控系统中的，同时几乎全部的控制命令也是通过它发送到现场控制网中控制设备的。

组态软件的数据通信模块起到中枢和主干的作用。它可以把中央监控系统与下层现场控制网以及各种功能子网结合起来，建立起一条真正的信息高速公路。

目前建筑行业中的各智能化子系统的品牌与型号层出不穷，因此对应的接口与支持的协议也不尽相同，为了更好的将各个子系统接入 IBMS，进行组态控制需要我们对常用智能化系统的接口方式与通信协议做了归纳总结，如表 7-1 所示。一般 IBMS 对火灾自动报警系统、电梯系统采取只监视不控制的方式，主要对系统中运行设备的状态数据与预警信息进行监视，并显示在集成平台的工作站上。便于完成各子系统的集成后，利用 IBMS 强大的数据采集、分析处理与存储能力，达到各智能化子系统间的协同运行、联动控制与数据共享的目的。

常用智能化系统的接口方式与通信协议　　　　　　　　表 7-1

序号	智能化子系统名称	通信接口方式	通信协议方式
1	火灾自动报警系统	硬件接口：RJ-45 接口/485 接口 软件接口：OPC/RS485	TCP/IP；Modbus
2	视频监控系统	硬件接口：RJ-45 接口/串口 软件接口：OPC/API/RS232	TCP/IP；RS232
3	出入口控制系统	硬件接口：RJ-45 接口 软件接口：OPC/ODBC	TCP/IP
4	建筑设备监控系统	硬件接口：RJ-45 接口 软件接口：OPC/BACNET/ODBC/API	TCP/IP
5	电梯系统	硬件接口：RJ-45 接口 软件接口：OPC	TCP/IP
6	入侵报警系统	硬件接口：RJ-45 接口/串口 软件接口：OPC/RS232	TCP/IP；RS232
7	停车场管理系统	硬件接口：RJ-45 接口 软件接口：OPC/ODBC	TCP/IP
8	公共应急广播系统	硬件接口：RJ-45 接口 软件接口：OPC	TCP/IP
9	火灾漏电报警系统	硬件接口：RJ-45 接口/串口 软件接口：OPC/RS232	TCP/IP；RS232

7.2　IBMS 工程案例

7.2.1　工程背景与需求

智能化集中管理系统是智能化管理的技术核心，它将弱电各子系统及相关机电系统（主要包括：建筑设备监控系统、安全防范系统、公共广播背景音乐系统、一卡通系统、智能照明系统、能耗管理系统、信息发布系统、动环监控系统等其他系统）集成在统一的计算机网络平台和统一的人机界面环境上，从而实现各子系统的统一管理、信息资源数据的共享与分析应用、互操作与联动控制，以达到自动化监视与控制的目的，克服因各系统独立操作、各自为政的信息孤岛现象。

城市化、人口增长和资源的日益减少，对城市基础设施系统（楼宇）造成的压力日渐增大。基础设施运营商正寻求通过智能解决方案来应对这些挑战。立足于信息技术与自动化，我们能帮助城市充分挖掘基础设施的巨大潜力。组态软件提供智能楼宇监控平台系统解决方案，有助于优化现有基础设施，提高效率，降低运营成本，提高安全性和抗打击能力，并减轻环境负担。楼宇建筑是一个城市的细胞，涉及领域非常广泛，要实现智能楼宇目标则必须首先落实智能楼宇的建设发展，特别要发展符合国情的自主创新产品和系统。国家十二五规划将楼宇建筑作为智慧城市和物联网的重点应用领域。而新一代信息技术为智慧楼宇可持续发展、自主创新，融入智慧城市提供了技术支持。某公司作为自动化行业软件提供商，推出楼宇行业通用解决方案（楼宇行业自动化监控平台）。工程需求如下：

（1）需要对整个园区的各智能化子系统进行统一的监测、控制和管理。

（2）需要实现跨子系统联动。

（3）需要时间表调度。

（4）需要实现历史数据管理。

（5）需要报警管理。

（6）需要实现趋势图显示。

（7）需要实现图形组态。

（8）需要实现视频服务。

（9）需要实现信息及设备管理。

（10）需要实现巡检和报警切换。

（11）需要实现通信状态检测。

（12）需要统一开放数据库。

（13）需要实现对关键数据的存储。

（14）需要实现数据挖掘分析。

（15）需要实现值班管理。

（16）需要实现能耗统计分析。

（17）需要在上层云平台能实现本系统的所有功能（显示及操作）。

（18）需要实现视图可视化管理。

（19）需要实现电子地图管理。

（20）需要有用户管理功能。

（21）需要实现报表查询、统计功能。

7.2.2 工程方案设计

1. 设计原则

考虑到智能化集中管理系统子系统多，相对分散，要实现"分散部署、集中管理"的目的，系统在进行规划设计时遵循以下原则：

（1）开放性。智能化集中管理系统是一个开放型的系统，通过编制各个子系统的接口解决不同系统和产品间协议"标准化"问题，使得它们之间具备"互操作性"。系统支持各个层次的多种协议，应用系统采用标准的数据交换方式，保证数据共享。

（2）可扩展性。智能化集中管理系统是模块化和结构化的，具有良好的兼容性和可扩展性，使得不同厂家的系统可以集成到本管理平台上，日后可以方便地扩充。

（3）安全性。系统既考虑信息资源的充分共享，更要注意信息的保护和隔离，因此系统分别针对不同的应用和不同的网络通信环境，采取不同的措施，包括系统安全机制、数据存取的权限控制等。

（4）可靠性。系统是一个可靠性和容错性高的系统，系统可以不间断正常运行，并有足够的延时来处理系统故障，确保发生意外故障和突发事件时，系统正常运行，当系统出现问题后能在较短的时间内恢复，而且系统的数据是准确和完整的。

（5）人机界面友好性。系统画面美观，操作简单，维护方便。

2．IBMS 架构设计

智能化集中管理系统的功能框架由六层组成，从下至上分为原数据采集层、网络通信层、数据处理层、应用支撑层、业务功能层和应用交互层，IBMS 功能框架如图 7-6 所示，对应的硬件设备部署如图 7-7 所示，相应的软件部署如图 7-8 所示。

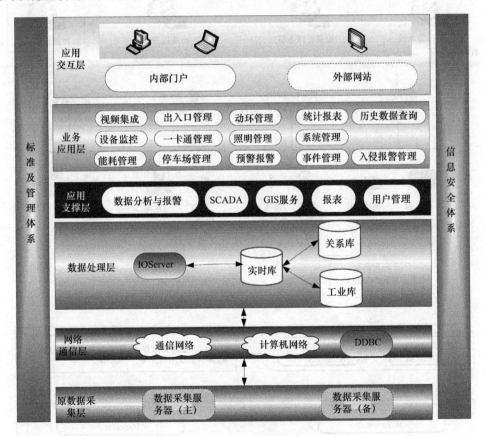

图 7-6　IBMS 功能框架

（1）原数据采集层：将园区现有的子系统做数据集成，集中在数据采集服务器上。

（2）网络通信层：通过通信网络、计算机网络和 OPC 等技术，为原有子系统和数据采集集成系统整合到智能化集中管理系统提供技术支持。

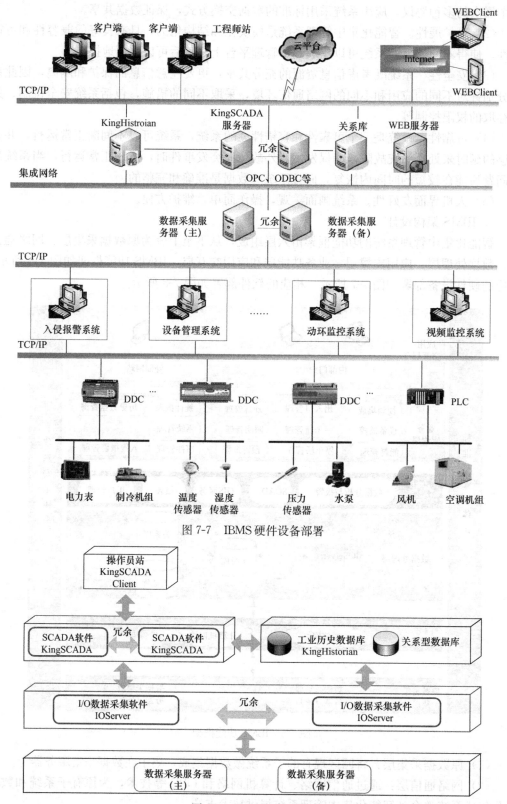

图 7-7　IBMS 硬件设备部署

图 7-8　IBMS 软件部署

（3）数据处理层：将从数据采集服务器中拿到的数据存入实时数据库，再将数据存入到工业库中，关系库提供基础信息等数据，供上层系统使用。

（4）应用支撑层：智能化集中管理系统提供数据分析与报警、SCADA、WEB 发布、GIS 服务、报表服务等应用支撑软件功能，为业务功能层的各项业务提供支撑。

（5）业务功能层：智能化集中管理系统提供的业务功能包括设备状态实时监测、预警报警、视频集成、历史数据查询、统计报表、系统管理等。

（6）I/O 数据采集软件（IOServer）：快速采集现场设备的实时数据，与 SCADA 软件、上层集控中心进行数据交互，并存储数据到数据库中。为了使系统数据的采集和存储稳定可靠，系统设计为采集器 IOServer 冗余，当任何一台工作的服务器（采集器 IOServer）出现故障时，从机会以最快的速度接收主机工作，不会造成数据的丢失，保证了底层数据的稳定性。

（7）SCADA 软件（KingSCADA）：以图形、动画、报表、趋势等手段展现智能化集中管理系统各个子系统的工艺流程、设备的运行状态，完成操作员在上位机上的控制。

（8）工业历史数据库（KingHistorian）：存储大量的过程数据，在采集、存储、检索方面具有强大的性能，它是深层分析与统计的数据基础。

（9）客户端软件（KingSCADA Client）：基于 C/S 架构，是 KingSCADA 的客户端软件，为操作员提供日常操作所需的操作平台，也可满足分布式的要求。

7.2.3　工程详细方案设计

1. 组态系统架构

为了满足各级管理人员对智能化集中管理系统的需要，拟使用组态软件对数据采集服务器的数据进行采集。IBMS 组态系统架构如图 7-9 所示。

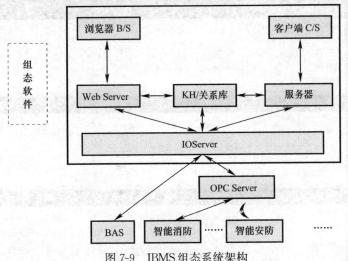

图 7-9　IBMS 组态系统架构

（1）组态软件通过 OPC 等技术与原有的数据采集服务器通信，可以同步独立地采集各个数据采集服务器上的数据。采集系统由服务器、组、数据项组成。

（2）组态软件具有在线监视功能。它能够对采集块性能、网络传输性能进行监测，并支持在线编辑。它可以获取运行状态下连接至 IOServer 的客户端的详细信息，包括客户端信息、网络传输信息等。组态软件提供对 IOServer 内部信息的监视功能，包括 IOServer 的性能监视，链路、设备、数据块的采集信息、当前状态、失败记录等。它也支持在线或离线配置监视内容。

（3）组态软件具备故障诊断功能。数据采集过程中，IO 数据采集服务器还会对各监控点进行通信性能诊断和统计，如：连接成功时间、当前使用数据块个数、Master 端接收字节数、Master 端发送字节数、最后一次更新成功时刻等。当某个数据点或者工作站点发生数据传输故障时，IO 采集服务器会迅速诊断出并产生能够产生相关报警的信号，以通知相应人员进行处理。

（4）组态软件维修模式。组态软件可以设置通信开关，保障在维修、检测状态下，可以关闭自动报警功能，但对各监测量的监视并不停止，仍然显示各监测量的数值状态，只是在超过报警限定值时不做报警处理，设立明显醒目标志，防止检修结束后此模式仍在工作造成事故。对此模式设置高级密码保护，并有含起止时间的操作记录。采集到的数据采用私有通信协议，加密方式传输给数据库（KingHistorian）和监控系统 SCADA 平台（KingSCADA）。

（5）支持双链路冗余、双设备冗余、双 IOServer（双采集器）冗余。

（6）支持多达 4500 多种通信协议，支持国内外 1500 多家近四千余种硬件设备通信并支持特殊驱动的定制开发，可以快速、可靠地与众多不同生产商制造的硬件设备实现可靠通信。

2. 项目导航

监控画面具有无极缩放的功能，操作者可以直接调整画面百分比来调节界面显示效果，不再受分辨率的影响。另外该系统总貌图包含集控中心和各子系统，操作员可以在中心和子系统间实现自由切换。系统总貌示意图如图 7-10 所示。

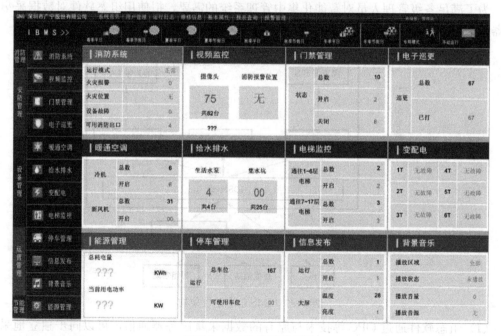

图 7-10　系统总貌示意图

3. 各子系统应用

（1）照明系统

照明系统界面如图 7-11 所示：系统功能分为照明显示和集中器号码显示两部分功能。界面中有"配电间"字样标识的，可通过点击进入到相应的配电间界面。灯的状态分两部分显示：①楼层剖面图中各图标皆模拟实际中照明设备，绿色为开启状态，紫色为关闭状态。②面板右侧图标为相应回路开关状态显示，绿色为回路通电，紫色为回路断电。面板中间四位数为控制相应回路的集中器号码，记住此号码通过点击"集中器系统"图标可进入系统进行控制回路操作。

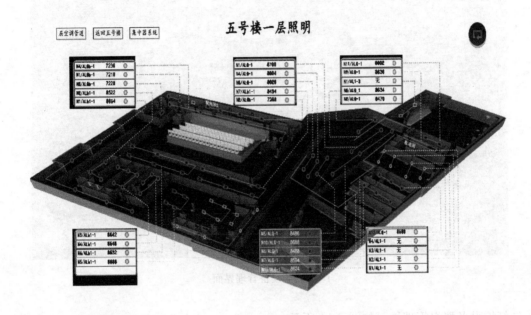

图 7-11　照明画面

查询所有关于集中器的信息。同时可以通过"添加/删除"进行集中器的增减。集中器信息管理界面如图 7-12 所示。

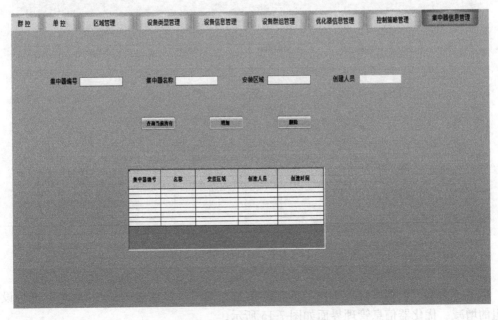

图 7-12　集中器信息管理界面

点击"查询"得到所有关于设备类型的信息。同时可以通过"添加/删除"进行设备的增减。设备类型管理界面如图 7-13 所示。

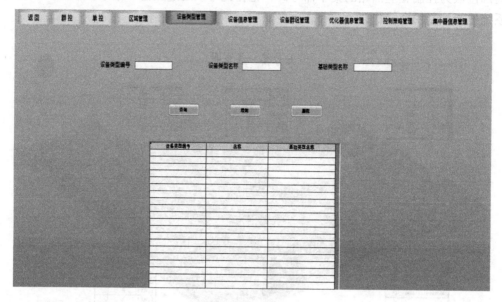

图 7-13　设备管理界面

灯控设备群组管理界面如图 7-14 所示。

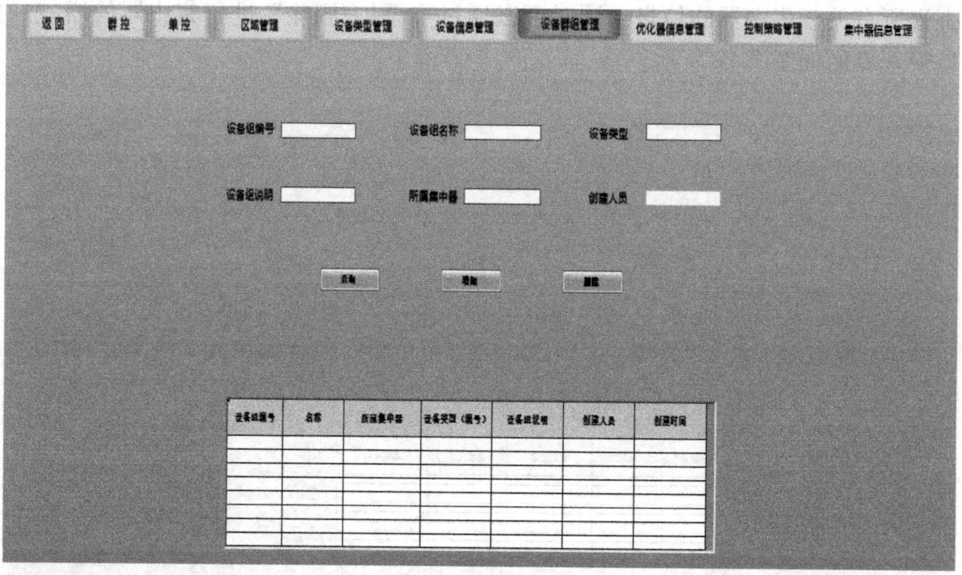

图 7-14　灯控设备群组管理画面

点击"查询"得到所有关于设备群组的信息。同时可以通过"添加/删除"进行设备群组的增减。优化器信息管理界面如图 7-15 所示。

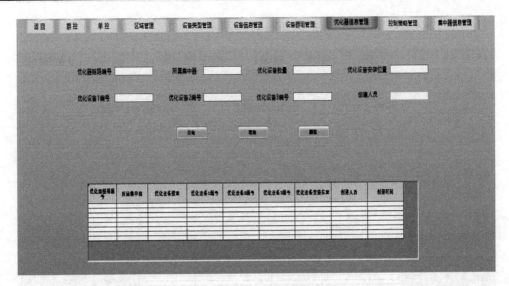

图 7-15　优化器管理界面

　　点击"查询"得到所有关于优化器的信息。同时可以通过"添加/删除"进行优化器的增减。设备信息管理界面如图 7-16 所示。

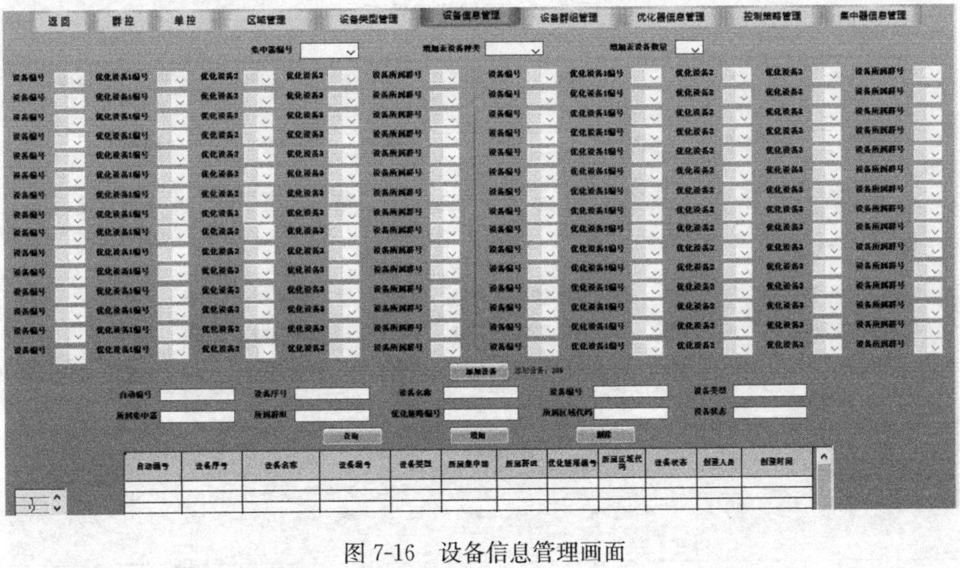

图 7-16　设备信息管理画面

　　通过设置"集中器编号"控制指定集中器，选择"添加设备种类"设置添加设备的类型，例如：电表，水表，气表等。选择"添加设备数量"弹出相应数字，"设备编号""优化器 1""优化器 2""优化器 3""设置集中器编号"变为可选，在相应的下拉框选择需要的设备编号及相应属性，单击"添加设备"按钮向集中器添加设备。点击"查询"得到所有关于设备的信息。区域管理界面如图 7-17 所示。

　　点击"查询"得到所有关于区域的信息。点击"查询"得到所有关于控制策略的信息。可以定向对某一集中器群组号下的某些设备进行设定，可进行每周定时、每天定时或每小时定时修改状态等功能。区域控制如图 7-18 所示。

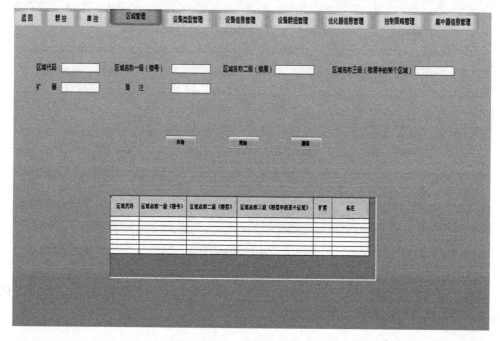

图 7-17　区域管理界面

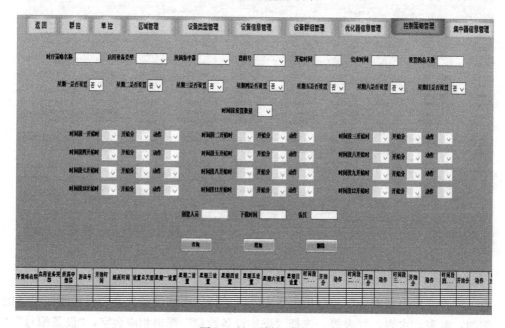

图 7-18　区域控制图

在"集中器编号"选择控制的集中器，选择相应的"设备编号""动作执行参数""状态执行参数""优化器 1""优化器 2""优化器 3"，点击"激活集中器"看到当前集中器时间即为集中器被激活，点击"即时全开"控制相应设备，点击"即时单抄"得到设备表底值。单一控制界面如图 7-19 所示。

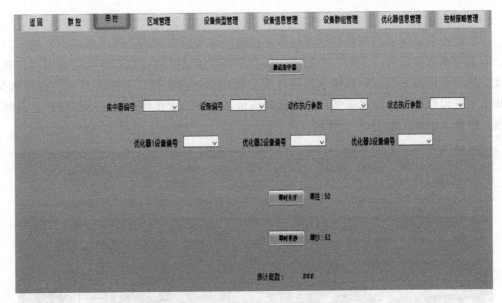

图 7-19　单一控制界面

　　针对群组控制功能，首先选择控制的集中器编号，点击"激活集中器"，使得对应的集中器被激活，当看到集中器时间即为被激活。填入想要设定的"定时器号"，以及"定时器时段数"，根据定时器时段数的多少，填入相应数量的启动时间-时-分-以及时空参数（0 为开，1 为关）。填入要控制的群号在"写群号"里以及"时控参数"，填写周几要用到的定时器编号。点击"设置定时器"，和"设施群参数"按钮即为发送命令。群组控制界面如图 7-20 所示。

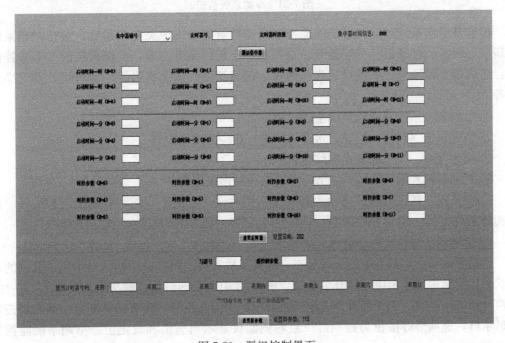

图 7-20　群组控制界面

（2）空调系统

冷源监控系统能够监测并显示各台冷水机组冷水及冷却水侧，进出口压力、进出口水温，监测分集水器压力、冷水、冷却水定压点压力，能够监测并显示冷机冷凝温度、蒸发温度、冷却水进出水温，冷水供水温度设定值等冷机运行参数，监测并显示各台冷水泵、冷却水泵进出口压力，冷水流量，热水管网流量，能够监测并显示各台冷却塔集水盘回水温度。冷源系统监控如图 7-21 所示。

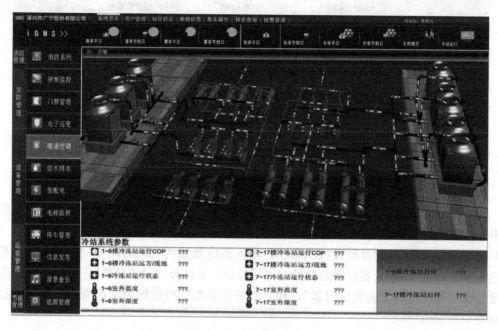

图 7-21　冷源系统监控

楼宇自动化系统对空调系统的监控主要是针对集中式中央空调系统，包括空调系统由新风、回风、过滤器、冷热盘管、送风机、空调机组等组成，空调机组的主要监控内容：送风量、回风量、新风量、送风温度、送风湿度、送风机启停、回风机、空气净化器等。

① 空调制冷系统及新风系统全面监控。

② 空调供给（风源、冷源、水源等）进行相应的逻辑控制。

③ 实现变频、变风和变水的综合调节。

④ 对新风阀和回风阀进行调节，保证新风和回风比例。

⑤ 新风阀、送风风阀、电动水阀与送风机联锁，风机停止时，自动关闭新风阀、送风阀，水阀。

⑥ 启动前延时自动打开风阀。

空调界面显示空调系统的运行状态，通过风机和阀门闭合的动画来显示风机此刻的运动状态，面板中显示相应回路开关状态。图 7-22 中所有的灯都如箭头所指的显示灯一样，有两种状态，当该灯为绿色时，表示回路通电、变为蓝色时，代表回路断电。圆形灯按钮为显示灯，椭圆形灯按钮为控制灯。最右侧面板显示当前值和设定值。空调系统监控如图 7-22 所示。

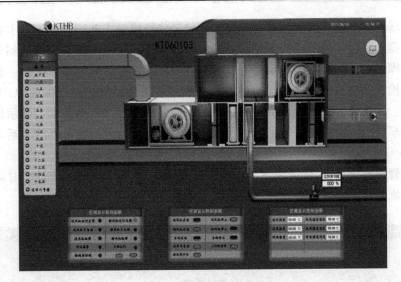

图 7-22　空调系统监控

（3）电梯系统

为了保证楼宇的治安，需要构建人防、物防、技防相结合的安防系统，该系统主要是采用视频监控，实时查看、监视和记录主要出入口和走廊等状态。包括电视墙上所有摄像机图像的信号切换、摄像机、电动变焦镜头、云台控制，以完成对被监视场所全面、详细地监视或者跟踪监视。电梯监控实现电梯运行状况，电梯楼层的监视。电梯系统监控如图 7-23 所示。

图 7-23　电梯系统监控

（4）停车场系统

随着社会的发展、科技的进步，人们生活水平的不断提高，以车代步已成为一种常态，汽车数量的攀升使原来停车场管理面临挑战，提高停车场管理水平已成为一种必然趋势。智能停车场管理是以一种非接触式 IC 卡或者 ID 卡为车辆出入停车场凭证，用计算机对车辆收费、车位检索、保安等全方位智能管理。在智能停车场持有月租和固定卡的车主在出入停车场时，经过车辆检测器检测到车辆后，将非接触式 IC 卡或者 ID 卡在出入口控制机的读卡器上掠过，读卡器读卡并判断该卡的有效性，同时将读卡信息送到管理计算机和后台数据库中，计算机自动显示对应卡的车型和车牌，开启道闸给予放行。临时停车的车主在车辆检测器检测到车辆后，按自动出卡机上的按键，取出一张临时 IC 卡，并完成读卡、摄像、计算机存档放行。出场时，在出口控制机上的读卡器读卡，显示出该车的进场时间、停车费用，同时进行车辆图像对比，在收费确认后自动收卡器收卡后，道闸自动升起放行。

停车场管理系统如图 7-24 所示，停车场管理系统实现车辆出入统计、时间统计、计费统计、客流统计实现人员密度统计等功能，客流统计如图 7-25 所示。

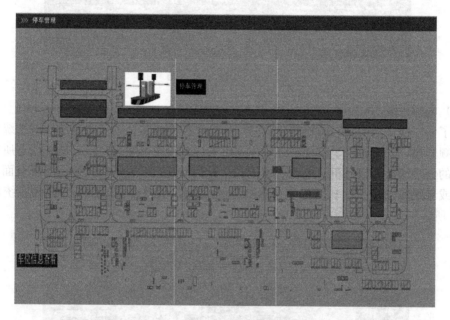

图 7-24　停车场管理系统

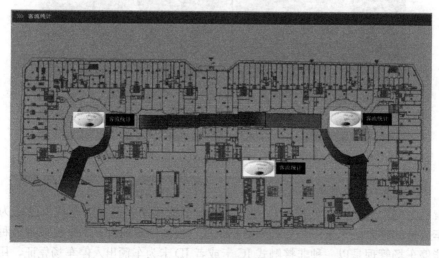

图 7-25　客流统计

（5）能源管理系统

能耗仪表盘展示水、电、气、制冷、制热量实际消耗情况，通过同比和环比进行能耗的纵向和横向比较，便于能耗异常使用分析。能源管理系统如图 7-26 所示。

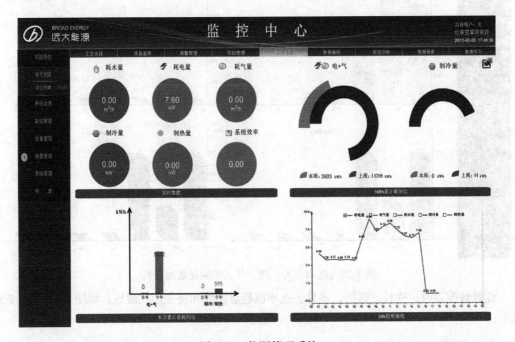

图 7-26　能源管理系统

水、电、气、制冷、制热量逐时、逐日、逐周、逐月、逐年以棒状图形式展现，如图 7-27 和图 7-28 所示。

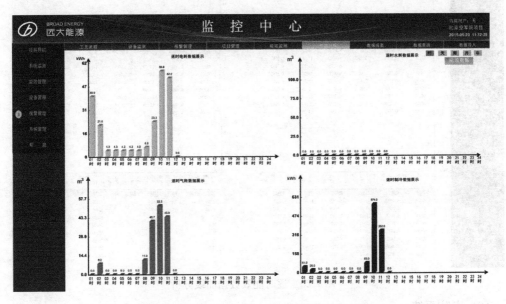

图 7-27　逐时、天、周、月、年能耗数据分析

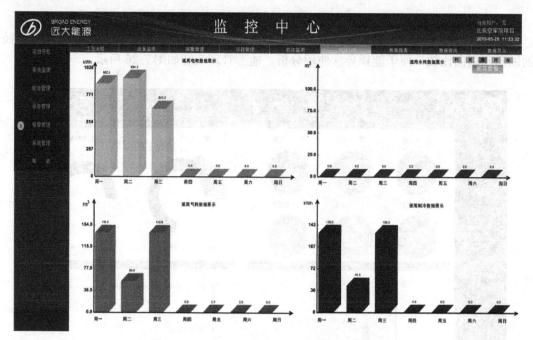

图 7-28　逐周、天、周、月、年能耗数据分析

能效数据逐时、逐日、逐周、逐月、逐年以趋势曲线和报表形式展现，如图 7-29 和图 7-30 所示。

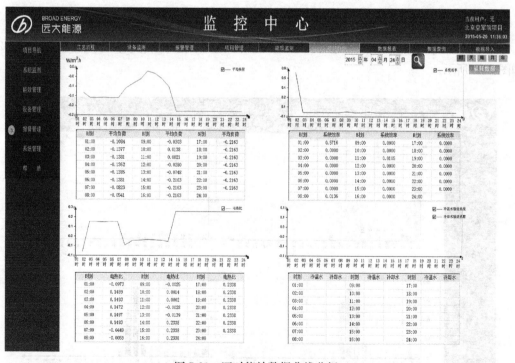

图 7-29　逐时能效数据曲线分析

（6）安防系统

为了保证楼宇的治安，需要构建人防、物防、技防相结合的安防系统，该系统主要是

采用视频监控，实时查看、监视和记录主要出入口和走廊等状态。包括电视墙上所有摄像机图像的信号切换、摄像机、电动变焦镜头、云台控制，以完成对被监视场所全面、详细地监视或者跟踪监视。

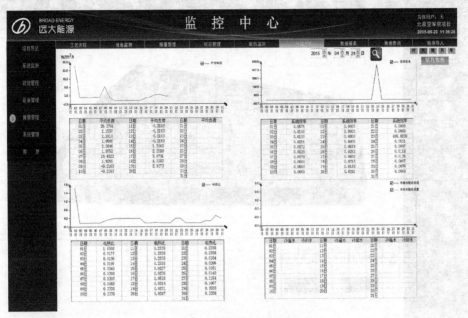

图 7-30　逐天能效数据曲线分析

① 视频监控系统

视频监控子系统，以控件的方式实现视频的放大、缩小、上下摆等功能。视频监控画面如图 7-31 所示。

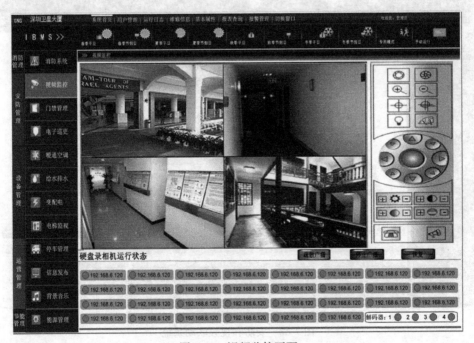

图 7-31　视频监控画面

② 视频和消防、安防的联动控制如图 7-32 和图 7-33 所示。

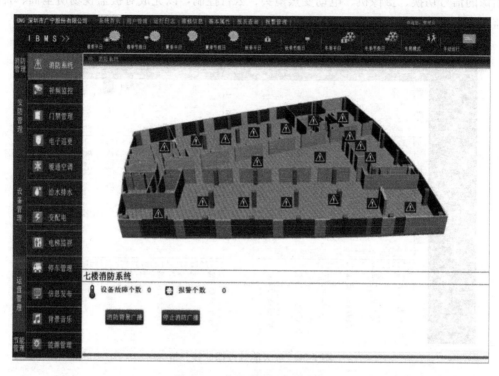

图 7-32　消防和视频联动系统

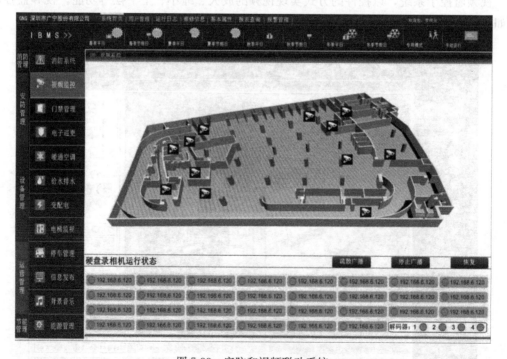

图 7-33　安防和视频联动系统

（7）给水排水系统。

给水排水系统是任何建筑物都必不可少的重要组成部分，该系统包括生活给水系统，排水系统和热水系统。

生活给水分两大类重力给水系统和恒压力给水系统，这里主要介绍重力给水系统。该系统包括对地下水位水池、水箱液位和报警状态与运行水泵的实时监控，根据液位开关送入信号控制生活水泵的启停。让高位水箱液位低于启泵水位时，自动启动生活水泵运行，向高位水箱供水；当高位水箱液面高于停泵水位时，自动停止生活水泵。如高位水箱液面达到停泵水位而水泵仍供水，液面继续上升达到溢流液位时，系统发出声光报警信息，提示工作人员及时处理。当工作泵发生故障时，备用泵能自动投入运行，在控制系统中多台水泵互为备用，当一台水泵破坏时，备用水泵能投入使用，以保障政策工作，为了延长各水泵的寿命，通常要求水泵累计运行时间尽量均衡，每次启动水泵时，优先启动累计运行时间最短的水泵，监控系统具备自动记录设备累计运行时间的功能，监控中心能远程控制现场设备的启停。给水系统监控如图 7-34 所示。

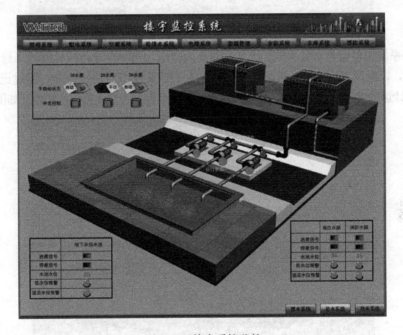

图 7-34　给水系统监控

智能化建筑的卫生要求较高，其排水系统必须畅通，保证水封不受破坏，排水系统的主要监控对象为集水坑和排水泵，排水系统监控，如图 7-35 所示，主要监控点：

① 污水集水坑和废水集水坑的水位检测及越限报警。

② 根据污水集水坑和废水坑的水位，控制排水坑的启动或者停止。

③ 当集水坑的水位超过高限时，连锁启动相应的水泵，当水位超过高限时，连锁启动相应的备用泵，直到水位降低至低限联锁停泵。

④ 检测排水泵运行状态以及发生故障时报警。

⑤ 非正常情况快速报警，如流入污水井的流量过大或者超出正常排放标准时提前预警，提早处理。

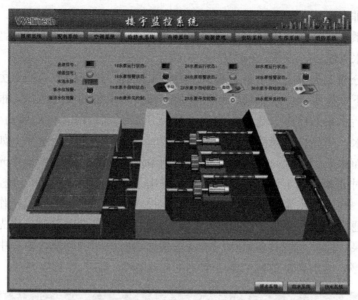

图 7-35 排水系统监控

在热水系统中多台热水泵和循环水泵之间互为备用，当一台设备故障或者维修时，备用设备自动投入，以确保生活热水系统的正常运行。为了延长设备的使用寿命，通过记录热水泵和循环泵的累计运行时间，均衡运行，并实现远程优化调配控制。热水系统监控画面如图 7-36 所示。

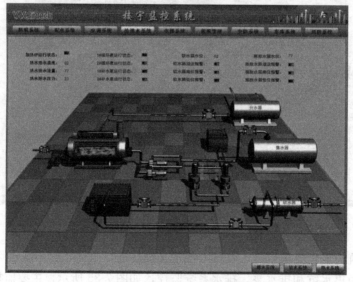

图 7-36 热水系统监控画面

（8）供配电系统

供配电系统是智能建筑的命脉，因此供配电设备的监控和管理是至关重要的，本楼宇自动化监控平台对楼宇供配电中的断路器或者接触器的运行状态实时监测，在监控界面上用不同的图标和颜色表示接通、分断、短路或者过载故障等运行状态，同时包含声音报警和文字提示，方便值班人员及时处理故障。变配电系统监控如图 7-37 所示。

（9）消防系统

对于智能建筑的安全构成最大威胁的就是火灾，所以需要对楼宇系统的消防监控点进行实时的检测和记录，出现消防异常时及时报警，并联动控制消防装置灭火。当某个区域发生火灾时，该区域的火灾探测器探测到火灾信号，输入到区域控制器，再由集中报警控制器送到消防中心，控制中心判断火灾位置后向当地 119 火警发出信号，同时打开自动喷洒装置、气体或者液体灭火器进行自动灭火，与此同时，紧急广播发出火灾报警广播，照明和避难诱导灯亮，引导人员疏散此外开启防火门、防火阀、排烟门、卷闸、排烟机等进行隔离和排烟。消防系统监控如图 7-38 所示。

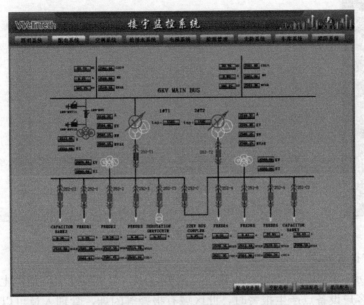

图 7-37　变配电系统监控

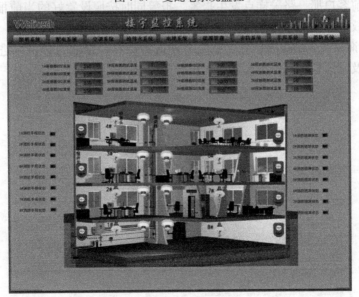

图 7-38　消防系统监控

（10）历史/实时数据查询

数据列表功能，可以展示实时的、历史的数据列表。通过列表的形式，可以显示设备实时数据，数据列表可以实时滚动，替换的方式更新。可以灵活配置自动生成报表，支持班报、日报、月报、季报、年报。它还支持报表的删除、即时生成功能，可以方便用户组织和浏览报表，可自行定制报表。历史数据报表查询如图 7-39 所示。

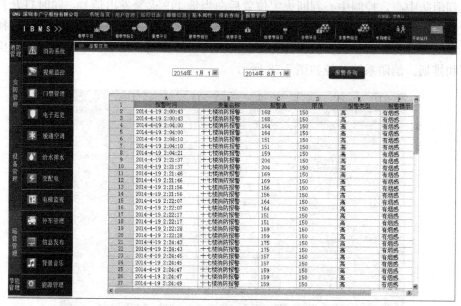

图 7-39　历史数据报表查询

（11）日常报警处理

① 报警显示。可以通过 KingA&E 进行报警显示，也可以在全国地图上做报警标识显示，当某一个客户设备点产生报警时，此区域有报警等闪烁，管理人员可以点击此标识快速地查看到当前客户那一路采样点发生报警。报警同时按照设置好的当前报警点对应的手机号，及时有效地发送给工作人员。

② 报警查询。产生的报警信息，系统自动进行保存，管理人员可以进行全部报警数据的检索，以及分区检索，指定检索等。报警监控界面如图 7-40 所示。

			起重机报警监控						
rm date	Alarm time	Event date	Event time	Tag name	Alarm group	Alarm value	Limit value	Alarm text	Tag comment
009/05/05	23:13:59.140	2009/05/05	23:14:01.140			NULL	NULL		
009/05/05	23:13:59.140	2009/05/05	23:14:00.140			NULL	NULL		
009/05/05	23:13:59.140	2009/05/05	23:13:59.140			NULL	NULL		

事件日期	事件时间	报警日期	报警时间	变量名	报警类型	报警值/旧值	恢复值/新值	界限值
09/03/05	16:28:49.859	09/03/05	16:28:48.484	a1	高	100.0	89.0	90.0
----	----	09/03/05	16:28:48.484	a1	高	100.0	----	90.0
09/03/05	16:28:37.234	09/03/05	16:28:35.859	a1	高	100.0	89.0	90.0
----	----	09/03/05	16:28:35.859	a1	高	100.0	----	90.0
09/03/05	16:28:24.609	09/03/05	16:28:23.234	a1	高	100.0	89.0	90.0
----	----	09/03/05	16:28:23.234	a1	高	100.0	----	90.0
09/03/05	16:28:11.984	09/03/05	16:28:10.609	a1	高	100.0	89.0	90.0
----	----	09/03/05	16:28:10.609	a1	高	100.0	----	90.0
09/03/05	16:27:59.359	09/03/05	16:27:57.984	a1	高	100.0	89.0	90.0
----	----	09/03/05	16:27:57.984	a1	高	100.0	----	90.0
09/03/05	16:27:46.734	09/03/05	16:27:45.359	a1	高	100.0	89.0	90.0
----	----	09/03/05	16:27:45.359	a1	高	100.0	----	90.0
09/03/05	16:27:34.109	09/03/05	16:27:32.734	a1	高	100.0	89.0	90.0
----	----	09/03/05	16:27:32.734	a1	高	100.0	----	90.0
09/03/05	16:27:21.484	09/03/05	16:27:20.109	a1	高	100.0	89.0	90.0
----	----	09/03/05	16:27:20.109	a1	高	100.0	----	90.0
09/03/05	16:27:08.859	09/03/05	16:27:07.609	a1	高	99.0	89.0	90.0
----	----	09/03/05	16:27:07.609	a1	高	99.0	----	90.0

图 7-40　报警监控界面

（12）报表检索

通过管理员指定的检索内容，在报表界面上通过选择"过滤字段"（如设备名称、设备号、省份）进行第一次过滤，再通过输入"过滤条件"进行第二次过滤，便可展示到管理员需要检索内容。用户根据权限分为单个用户和集团用户。通过 IE 登录后，单个用户展示当前客户的设备信息报表，监控中心用户显示当前所有设备的信息报表，报表能进行各个现场设备报表信息以及综合报表信息，再就是各个之间的数据对比等。数据检索界面如图 7-41 所示。

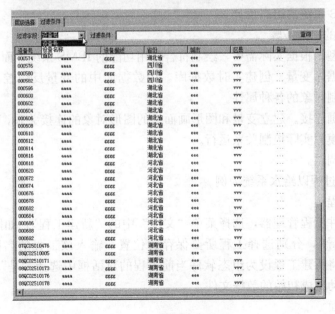

图 7-41　数据检索界面

（13）曲线分析

选择好需要查看客户的名称，显示某段时间内（几秒钟、几分钟、几小时、几天、几个月，甚至一年）的各种参数连续变化情况，历史曲线参数和时间可由用户自己任意选择。用户可以放大缩小时间轴，时间单位支持毫秒精度。

用户可以调出多条曲线实现对比分析。通过对比分析，客户很清楚地看到实时曲线与历史曲线或期望输出曲线之间的差异点、变化量，从而，为管理员调整控制策略提供依据。曲线对比分析界面如图 7-42 所示。

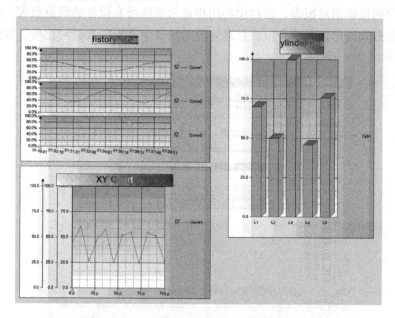

图 7-42　曲线对比分析界面

7.2.4　IBMS 系统的组态设计

1. 组态设计的一般步骤

（1）建立模型。根据实际需要，绘制符合使用功能的 IBMS 系统界面。

（2）构造数据库变量。创建实时数据库，用数据库中的变量反应控制对象的各种属性，变量描述控制对象的各种属性。

（3）建立动画连接。建立变量和图形画面中的图形对象的连接关系，画面上的图形对象通过动画形式模拟实际控制关系运行。

（4）运行、调试。

2. 具体实现过程以给水系统为例

（1）建立工程

启动组态软件工程管理器，选择菜单"文件"中的"新建工程"，如图 7-43 所示。出现"新建工程向导"，分别选择工程所要保存的位置，输入该工程的名称和描述，单击"完成"，在是否将所建工程设为组态软件当前工程的对话框中选择"是"。打开组态软件工程浏览器，自动生成初始的数据文件。

（2）建立画面

进入工程浏览器，打开图形工具箱和图库管理器，如图 7-44 所示。在工具箱中的立体管道工具中选择"■"，在画面中鼠标图形变成"＋"时，单击左键，移动到要放置管道的位置，双击左键。如果立体管道需要弯曲，只需要在折点处单击鼠标，继续移动即可。选中所要调色的立体管道，在调色盘上的对象选择按钮中按下线条色，在选色区选择所需颜色，则管道变为相应的颜色。打开图库管理器，选择所需图素，绘制画面。

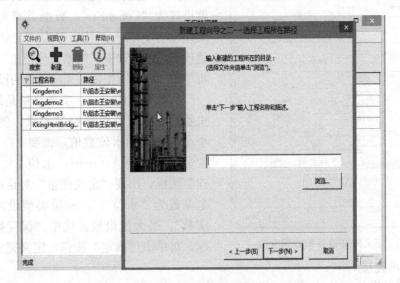

图 7-43　新建工程

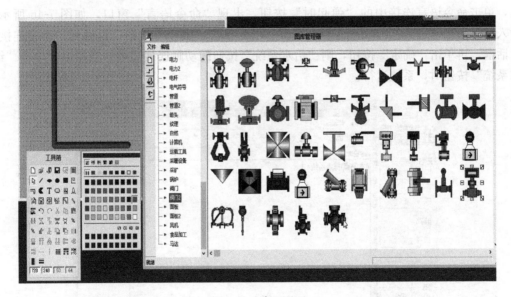

图 7-44　建立画面

（3）定义外部设备和数据变量

模拟量"水位"变量的定义。单击"数据库"大纲的"数据词典"成员名，然后在目录内容显示区双击"新建"图标，出现"定义变量"窗口，如图 7-45 所示。在"基本属性"页输入变量名"水位"，变量类型为"I/O 实数"，连接设备设置为"新 IO 设备"，设置寄存器，数据类型为"FLOAT"，读写数据为"只读"，设定采集频率、最小值、最大值、最小原始值、最大原始值。这样就可以把从外部设备传过来电流信号通过标准电阻转换为电压，再转换成水位。

数字量"水泵运行"变量的定义。在目录内容显示区中双击"新建"图标，再次出现"定义变量"窗口，将变量名设置为"水泵运行"，变量类型设置为"I/O 离散"，初始值设置

图 7-45　定义外部设备和数据变量

为"关"，连接设备设置为"新 IO 设备"，寄存器设置为"CommErr"，数据类型为"bit"，采集频率为 1000ms，然后单击"记录和安全区"选项卡，单击选中"数据变化记录"单选按钮，再单击"确定"按钮，完成变量的设置。

实数变量的定义。实数变量是用来存储历史数据的。可以根据控制要求，例如存储 24 个小时整点的水位数值，需要 24 个内存实数变量如：水位 1，……，水位 24。双击"新建"图标，出现"定义变量"对话框，将变量名设置为"水位 1"，变量类型设置为"内存实数"，最大值设置。选中"保存数值"复选框，再单击"确定"按钮，定义完成。

（4）动画连接

"给水系统"按钮的动画连接设置。双击"给水系统"按钮，出现"动画连接"对话框，单击命令语言连接中的"弹起时"按钮，出现"命令语言"窗口，如图 7-46 所示。输入如下命令语言："\\本站点\给水系统＝1；"单击"确定"按钮，返回到"动画连接"对话框，再单击"确定"按钮，则"给水系统"按钮的动画连接完成，当用鼠标单击"给水系统"按钮时，系统运行。

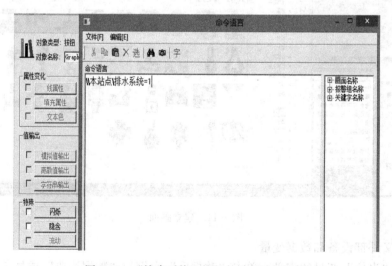

图 7-46　"给水系统"按钮的动画连接设置

水泵的动画连接设置。双击"水泵"，出现"泵"对话框，将其中的变量名设置为"\\本站点 \ 水泵运行"，单击"确定"按钮，则"水泵"动画连接完成。开始时颜色①处设置为绿色，关闭时颜色②处设置为红色。在运行时，水泵中央③显示绿色表示正在工作，红色表示停止状态。如图 7-47 所示。

显示文本的动画连接设置。双击"水位显示"文本，出现"动画连接"对话框，单击"模拟值输出"按钮，则弹出"模拟值输出连接"对话框。将其中的表达式设置为"\\本站点\水位"，整数位数为 1，小数位数为 1，单击"确定"按钮返回到"动画连接"对话框，再次单击"确定"按钮，动画连接设置完成，如图 7-48 所示。

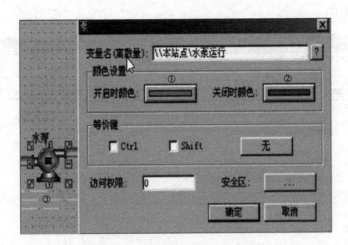

图 7-47　水泵的动画连接设置

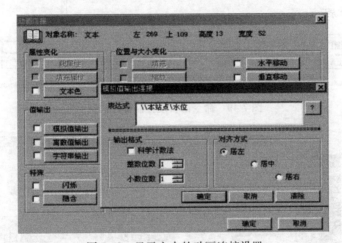

图 7-48　显示文本的动画连接设置

（5）命令语言及控制程序编写

在完成了上述的动画设置后，还必须通过命令输入，才能控制水泵的运行。工艺上要求水泵的工作状态是根据水位的高低而运行的。当水位低于下限时，水泵工作，为水箱送水；水位高于上限，水泵停止工作；在上下限之间，水泵不工作。设置上、下限：在工程浏览器中的工程目录显示区中单击"文件"大纲下面的"命令语言"下的"应用程序命令语言"成员名，然后在目录内容显示区中单击"请单击这儿进入〈应用程序命令语言〉对话框"图标，则进入"应用程序命令语言"对话框，如图 7-49 所示。

（6）实时曲线

单击"文件"中的"新画面"，在弹出的对话框中"画面名称"中输入"水位控制系统实时曲线"，窗口高度和宽度可以自己设定，单击"确定"按钮，则实时曲线画面完成。单击工具箱中的"实时趋势曲线"按钮，将鼠标在画面上的适当位置单击，拖动鼠标，画出需要大小的矩形框，双击出现"实时趋势曲线"对话框。在此对话框中，将"曲线 1"

的表达式设置为"\\本站点 \ 水位",颜色为红;将"曲线 2"的表达式设置为"\\本站点 \ 给水系统",颜色为绿;将"曲线 3"的表达式设置为"\\本站点 \ 水泵运行"颜色为蓝,如图 7-50 所示。

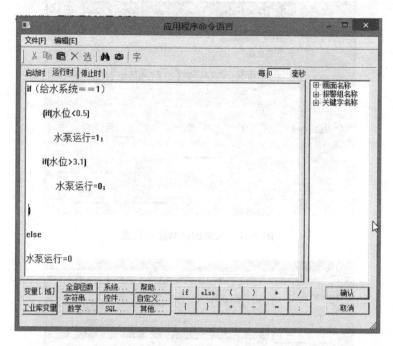

图 7-49　命令语言及控制程序编写

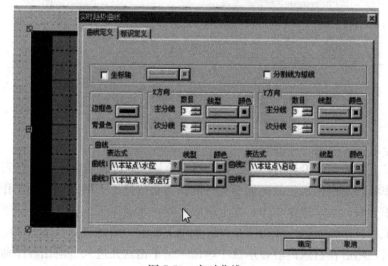

图 7-50　实时曲线

(7) 实时报表

双击报表窗口的灰色部分,弹出"报表设计"对话框,在"报表控件名"对话框中输入报表名称,在"表格尺寸"输入所要制作的报表的大致行数、列数,单击"确定"按钮。其他设置与 word 中表格设置相同,在组态软件的数据改变命令语言中输入:ReportSetCellValue("实时数据报表",4,2,水位),如图 7-51 所示。

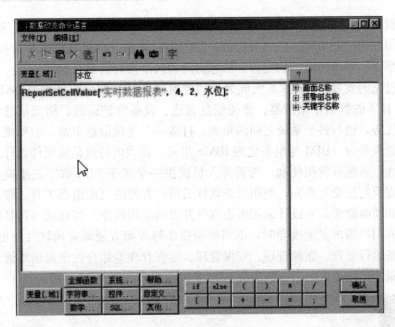

图 7-51　实时报表

（8）运行系统

单击工程浏览器的"VIEW"按钮，进入组态软件运行系统。

7.3　BIM 与 IBMS 组态设计

7.3.1　BIM 简介

BIM（Building Information Modeling，建筑信息模型）是建筑体物理和功能特性的数字化表达，能够为项目全生命周期的管理过程提供全面、准确、实时的信息，改变了建筑业传统思维模式及作业方式，提高了项目设计、施工、运维的工作质量和效率，促进了行业生产力水平的提升。智能建筑的建立需要经过规划、设计、建造和运营维护 4 个阶段，BIM 技术可以贯穿整个过程，运用数字信息与计算机技术的结合，以三维立体的方式来进行项目设计并指导施工、维护运营的新技术。因此 BIM 中的信息在建筑从规划到运维阶段具有延续性和一致性。

BIM 从内涵上来说，是建设项目物理和功能特性的数字表达，是一个共享知识资源、分享建设项目信息的载体，能够为项目全生命周期中的决策提供可靠依据的过程。在项目的不同阶段，项目各参与方可在 BIM 中插入、提取、更新和修改信息，完成项目各阶段、各参与方及各专业软件间的信息交流和共享。目前要真正运用 BIM 技术来提高建筑业信息化水平，需要解决信息高效传递、数据存储和信息共享等问题。国外对 BIM 信息集成管理的研究较早，通过扩展 IFC（Industry Foundation Classes）标准，构建了运营阶段中物业管理信息模型；又提出基于 IFC 标准的建筑信息模型施工进度计划生成方法，实现了施工阶段的 4D 模拟。国内方面，针对设计和施工阶段中数据的集成共享和转换，研究开发了基于 IFC 的 BIM 数据集成管理平台；基于 BIM 体系结构，解决了 BIM 模型的信息提取和 BIM 数据存储与访问等问题；基于 BIM 技术的建筑信息平台，建立了简易的以数据层、图形编辑层和专业层为核心的三层协同信息平台。随着信息技术发展，基于 BIM 技术及全生命周期理论的 IBMS 已成为可能，新的信息集成管理系统应满足数据存储方便、信息传递效率高、系统功能结构完善、信息协同和共享性好的要求。

随着信息化的发展，IBMS 系统成为现代建筑运营管理的一个利器。IBMS 系统可以利用好 BIM 技术的数据存储借鉴、便捷信息表达、设备维护高效、物流信息丰富、数据关联同步等优势，进行各子系统之间的集成，打造一个建筑信息丰富、后期维护管理便利的智能建筑管理平台。BIM 与组态化的 IBMS 集成，最大的特点是从硬件设计到软件开发都具有组态性。系统开发很便利，为管理人员提供一个基于 BIM 数字三维模型、统一界面标准的管理及监控交互界面，利用组态软件灵活、方便的页面组态工具，带来丰富的图形表现能力和动画效果，来设计采用组态软件开发的应用程序。当现场（包括硬件设备或系统结构）或用户需求发生改变时，不需要做很多修改而方便地完成软件的更新和升级，实现包括设备运行管理、能源管理、安保管理、运营管理等综合性全面运维管理功能。例如大众报业集团传媒大厦的 IBMS 集成 BIM 系统总览，如图 7-52 所示。

图 7-52　IBMS 集成 BIM 系统总览

7.3.2　基于 BIM 和 IBMS 组态设计方法

IBMS 集成 BIM 主要分为两个部分：监视和控制。BIM 模型提供基础设施数据，属于静态数据；组态系统提供实时数据，属于动态数据。若没有集成 BIM 系统，IBMS 系统直接在组态系统上完成即可。当 IBMS 与 BIM 进行集成时，IBMS 的可视化就可以直接采用 BIM 的数据。在监视方面，组态系统采集各子系统设备的状态、参数存入数据库，IBMS 将数据库中的数据及状态在 BIM 模型中进行展示。在控制方面，BIM 中执行一个控制指令，该指令需要先下发到 IBMS 系统，它再去控制相应的硬件设备。BIM 运维系统到 BIMS 系统通过 OPC 或者接口的方式，IBMS 系统到硬件通过 OPC 或者通信协议等。集成过程如图 7-53 所示。IBMS 集成 BIM 系统的一般步骤如下：

（1）BIM 模型轻量化。IBMS 系统完成模型加载以及显示优化，需要对 Revit、Tekla、Rhino 等主流 BIM 软件建立的模型文件进行轻量化处理；并且提供 RVT、NWD、

IFC、OBJ、MAX、DWG 等多种格式接口，实现几何信息以及非几何信息无损导入；支持大模型文件高效无损的轻量化处理；能够实现高效的三维渲染，满足运维基本需求，因此对 BIM 模型轻量化技术要求较高。

（2）数据清洗。在运维阶段需要将 BIM 竣工交付模型按后期运维要求进行数据清理，并进行模型内部构件分类和编码的调整。

（3）数据对接。轻量化处理过程中需要对 BIM 模型点位、采集数据范围、数据采集频率、存储频率、运行参数、临界参数、报警参数等进行合理设置及修改，以保证数据接口格式、推送数据方式等均满足与 IBMS 系统对接的相关要求，且应满足与各类主流标准通信协议数据接口适配的要求。

（4）权限配置。由各部门管理员录入各部门管理人员信息，并赋予相关的系统权限（设置可以使用的功能点），可设置用户角色和组织；允许由系统管理员对相关信息进行修改，且每次修改均由 IBMS 系统进行记录；能够给每个组织机构添加、删除、编辑角色，可配置不同角色成员的权限；每个用户可赋予多个角色权限，不同的功能需要不同的角色权限支撑；能够设置公司级超级管理员，超级管理员负责建立各部门组织机构，建立各部门的系统管理人员信息以及初始密码；能够通过权限设定，允许相关人员对运维模型进行修改、信息录入、设备添加等操作，BIM 模型仅允许由相应管理员对其进行修改，且每次修改均由 IBMS 系统进行记录；满足权限分级的应用要求，如授权分级、报警分级等，如图 7-53 所示。

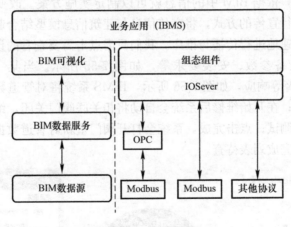

图 7-53　集成过程

7.3.3　BIM 与 IBMS 组态设计案例

将 BIM 技术与传统的 IBMS 系统结合，通过以下几个方面，解决运维阶段信息整合困难、难以及时共享、充分联动，设备、安防管理困难等现状，提升运维管理效率，提高运维管理效果。

1. IBMS 集成 BIM 用于设备定位

在 BIM 模型中可以查看照明系统、空调系统等相关设备分布位置，例如消防系统的消火栓位置、视频监控摄像头的位置、门禁的位置等。现今在 BIM 中融入 IBMS 系统，提高人们对建筑物中设备和设施的熟悉程度，更加便于智能建筑的管理和维护。通过点击 IBMS 系统中，管理人员想要查看的设备名称，在 BIM 模型中就会显示该设备所在位置，如图 7-54 所示。

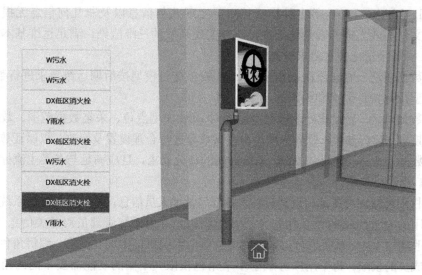

图 7-54　设备位置集成

2. IBMS 集成 BIM 用于设备维护

BIM 模型的信息在不断动态更新，这些信息在竣工后需要集成到 IBMS 系统的数据库中，为相关设备的定期维护和更换提供依据，还在对 IBMS 中相关子系统的改造中，不需要反复进行现场勘查，依据 BIM 中的信息就可以制定实施方案。改变以往使用纸质宣传手册或仅使用平面进行宣传的方式，将宣传信息与建筑信息模型结合起来，更加的立体直观，同时能够更加快速地进行传播与推广。我们只需点击需要查看的设备，便可以得到相应的设备信息，如设备参数、安装要求等，如图 7-55 所示。当某一设备出现问题时，IBMS 系统会出现报警等响应，如图 7-56 所示，IBMS 系统将对管道数据进行监控，将异常管道构件显示出来；在开始维修后系统会自动将相关联阀门关闭，维修完成后可操作系统打开指定阀门进行测试；点击完成，系统会打开阀门重新对管道数据进行检测，并将已维修完成管道放入已完成列表待查。

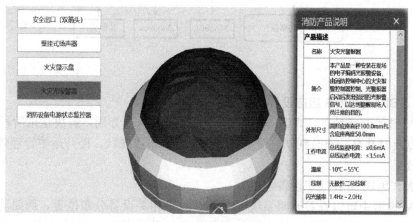

图 7-55　设备信息集成

3. IBMS 集成 BIM 模型用于灾害疏散

BIM 模型汇集了建筑施工过程的信息，例如安全出口位置，应对突发事件的应急设施设备所在位置等。BIM 模型协同 IBMS 的子系统为人员疏散提供及时有效的信息，便于制定人员疏散路线，保证在有限时间内快速疏散人员。如图 7-57 所示，当某一区域发生火灾时，IBMS 系统将启动应急设施联动，并且规划出有效的疏散路线，该路线将在 BIM 模型中呈现，便于管理人员指挥人群撤离。

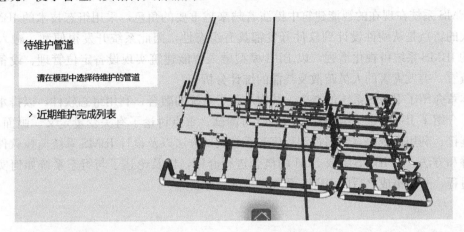

图 7-56　设备后期维修

4. IBMS 集成 BIM 信息用于耗能管理

在建筑内的现场设备是 IBMS 的各个子系统的信息源，从这些设备获取的能耗数据（水、电、燃气等），依据 BIM 模型可按照区域进行统计分析，更直观地发现能耗数据异常区域，管理人员有针对性地对异常区域进行检查，发现可能的事故隐患或调整能源设备的运行参数，以达到排除故障、降低能耗、维持建筑正常运行的目的。图 7-58 用于在 BIM 模型

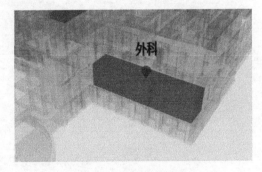

图 7-57　疏散路径规划

中展示管道水流水压信息，IBMS 系统对管道水流信息进行监管。通过调用获取模型系统树列表，将当前模型的系统信息提取并展示出来，并在界面上模拟水流动态效果与水压数据实时监控。

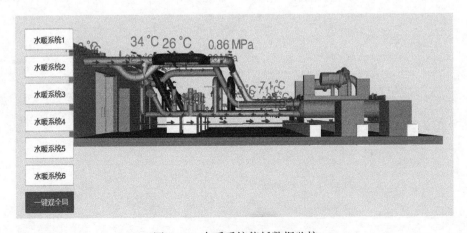

图 7-58　水暖系统能耗数据监控

7.4 本 章 小 结

IBMS 系统在现在的智能建筑中扮演着越来越重要的角色，采用组态技术的 IBMS 系统最大的特点是从硬件设计到软件开发都具有组态性，因此系统开发很便利，融入 BIM 模型的 IBMS 系统可视化增强，以 BIM 模型融入智能建筑实现设备定位管理、设备维护信息查看、突发灾害的人员疏散及耗能的统计分析等。

本章介绍了 IBMS 系统的概念、结构及各子系统的融合，利用组态软件，以排水系统为例，介绍了 IBMS 系统组态程序的运行与调试。重点讨论了有关变量定义、画面设计、动画连接、利用命令语言编写控制程序和系统调试方法以及设计 IBMS 系统监控软件的一般步骤和方法。对 IBMS 集成 BIM 的概念进行介绍，以及论述了与组态系统如何实现集成的过程，并对集成之后的 IBMS 系统优势进行分析。

参 考 文 献

[1] GB 50314—2015，智能建筑设计标准 [S].
[2] GB 50348—2018，安全防范工程技术标准 [S].
[3] GB 50116—2013，火灾自动报警系统设计规范 [S].
[4] GB 50311—2016，综合布线系统工程设计规范 [S].
[5] GB 50034—2013，建筑照明设计标准 [S].
[6] 刘屏周. 工业与民用供配电设计手册（第四版）[M]. 北京：中国电力出版社，2016.
[7] 方潜生. 建筑电气（第 2 版）[M]. 北京：中国建筑工业出版社，2018.
[8] 张九根. 公共安全技术（第 2 版）[M]. 北京：机械工业出版社，2018.
[9] 段晨旭. 建筑设备自动化系统工程 [M]. 北京：机械工业出版社，2016.
[10] 李玉云. 建筑设备自动化（第 2 版）[M]. 北京：机械工业出版社，2016.
[11] 江亿，姜子炎. 建筑设备自动化 [M]. 北京：中国建筑工业出版社，2017.
[12] 李炎锋. 建筑设备自动控制原理 [M]. 北京：机械工业出版社，2019.
[13] 于海鹰. 建筑物信息设施系统 [M]. 北京：中国建筑工业出版社，2018.
[14] 王娜. 智能建筑信息设施系统 [M]. 北京：人民交通出版社，2008.
[15] 杜明芳. 智能建筑系统集成 [M]. 北京：中国建筑工业出版社，2009.
[16] 韩嘉鑫，赵会霞，赵莹丽. 建筑设备监控系统. 北京：中国电力出版社，2017.
[17] 叶安丽. 电梯控制技术（第 2 版）[M]. 北京：机械工业出版社，2008.
[18] 张力展. 组态软件应用技术 [M]. 北京：机械工业出版社，2016.
[19] 姚卫丰. 楼宇设备监控及组态（第 2 版）[M]. 北京：机械工业出版社，2018.
[20] 范国伟. 监控组态技术及应用 [M]. 北京：人民邮电出版社，2015.
[21] 曾庆波. 监控组态软件及其应用技术 [M]. 哈尔滨：哈尔滨工业大学出版社，2010.
[22] 于玲，李娜，杜向军. 工控组态技术及实训 [M]. 化学工业出版社，2018.
[23] 穆亚辉. 组态王软件实用技术 [M]. 黄河水利出版社，2012.
[24] 王建，宋永昌. 组态王软件入门与典型应用 [M]. 北京：中国电力出版社，2014.
[25] 张桂香，姚存治. 组态软件及应用项目式教程 [M]. 北京：机械工业出版社，2019.
[26] 文娟. 智能楼宇设备监控系统组态及组件 [M]. 重庆：重庆大学出版社，2016.
[27] 陈宇莹. 组态监控软件应用技术 [M]. 北京：中国水利水电出版社，2018.
[28] 陈志文. 组态控制实用技术 [M]. 北京：机械工业出版社，2015.
[29] 李红萍. 工控组态技术及应用——MCGS（第 2 版）[M]. 西安：西安电子科技大学出版社，
    2018.